兰 图　彭艳芳　编著

产品设计
与手绘表达
Product design
and hand-painted expression

化学工业出版社

·北 京·

本书是面向产品设计的手绘效果图学习用书，不是局限于手绘表现的技法和手段，而是以表现来引导、辅助、推动设计思维，进而完成设计。本书讲解了设计表现的工具材料、绘图原理、草图塑造、表现技巧等，并在具体方法上给出基础训练和指导；结合示范图和步骤图，将水粉、水彩、彩色铅笔、马克笔等各类表现工具、材质和经典技法融于其中。本书强调了产品设计过程中的表达的整体性和多样性，以及思维与表达技巧的关系；立足当下，兼收并蓄，在传统设计表现技法训练的基础上尽量避免过于教条的理论，更加贴近实践，力求帮助读者有效地运用表现技法、合理地选用表达手段，从设计出发来实现效果图的表达。

本书适合高等院校工业设计专业教学使用，也可供专业设计师和对产品创意设计感兴趣的设计爱好者参考。

图书在版编目（CIP）数据

产品设计与手绘表达 / 兰图，彭艳芳编著 . —北京：
化学工业出版社，2015.12（2018.6 重印）
ISBN 978-7-122-25831-1

Ⅰ. ①产⋯ Ⅱ. ①兰⋯ ②彭⋯ Ⅲ. ①产品设计 - 绘
画技法 Ⅳ. ①TB472

中国版本图书馆 CIP 数据核字（2015）第 294911 号

责任编辑：李玉晖 装帧设计：尹琳琳
责任校对：王 静

出版发行：化学工业出版社（北京市东城区青年湖南街 13 号 邮政编码 100011）
印 装：北京方嘉彩色印刷有限责任公司
787mm×1092mm 1/16 印张 10¼ 字数 180 千字 2018 年 6 月北京第 1 版第 3 次印刷

购书咨询：010-64518888（传真：010-64519686） 售后服务：010-64518899
网 址：http : //www.cip.com.cn
凡购买本书，如有缺损质量问题，本社销售中心负责调换。

定 价：58.00 元

序

　　设计手绘无论是在设计的初期、研究阶段，还是设计呈现的过程中，都是最有力的说明工具，是每一位准备投身或已从事设计工作的人士必须掌握的基本技能。设计的手绘不单是要绘制出实际的效果，绘制得美观，更多的还在于设计师的思维应该如何通过设计图纸来表达。在设计过程中采取合适的各类设计图来进行有效的沟通，使得手绘或是设计稿能有效达到目的，比设计图的美观更重要。在实际工作中，解决手绘技巧、创意表达和设计沟通三方面问题，更具有实际意义。而在以往的设计表达类书籍中，大多是关于绘图的原理、材料、方法和技巧的训练，很少有从设计沟通和思维呈现的角度来思考我们在设计的过程中究竟该如何来表达。

　　该书从工具材料、绘图原理、草图塑造、表现技巧等方面在具体方法上给出指导，结合大量示范图和步骤图，将水粉、水彩、彩色铅笔、马克笔等各类表现工具、材质和经典技法融于其中，既研究和借鉴了优秀的中外设计师手绘设计实例和设计实践，继承前人优秀的成果与经验，也立足当下，兼收并蓄，在传统设计表现技法训练的基础上尽量避免过于教条的理论，更加贴近实践。该书也回避了以往此类书籍纯粹从技巧入手的方式，同时还侧重于让手绘自由地表达"想法"，强调与各方面的沟通能力。

　　总的来说，该书贴近时代特色，深入浅出，易于直观理解，具有便于上手实践的特点，既是一本实效性较强的手绘技能训练指导书，也能较全面地提高读者的设计表现能力。本书适合高校工业设计专业学生使用，也适合专业设计师，以及对产品创意设计感兴趣的广大设计爱好者。

陶晶

四川师范大学艺术学院

2015年8月

前 言

设计表达是工业设计专业一门很重要的专业基础课,设计表达的能力对一个设计师来说很重要。目前现有的教材大多重技法轻设计,缺乏表达和设计之间的联系,设计和表达脱节,忽略设计创意方法的培养。学生对现有教材的使用主要局限于临摹,只能照着书画,这对独立设计能力的培养是不利的。由于忽略了设计表达内在的教学规律,缺乏对学生建立科学练习方法的引导,以至于许多学生学习了该课程后不能学以致用,设计表达成了炫技,难以达到实际设计的需要。国内多家工业设计公司反映,现在工业设计专业毕业生的作品暴露出设计教育与行业发展严重脱节的现象,内容更新慢,信息量小。因此编著者希望通过这部教材能从一定程度上解决上述问题。

本书强调设计表达和设计实践相结合,将过去为了表现而表达,上升为为了设计而表达。

书中案例紧密结合设计实例,强调理论联系实际,开阔视野,缩短学生从校园到社会的适应期,内容强调对学生的启发和引导,顺应了该学科的发展趋势。

本书在撰写的过程中,得到了设计领域前辈和同行的关心和帮助,感谢四川师范大学陶晶教授、四川音乐学院郑佰森副教授为本书稿撰写评审意见;感谢西南石油大学侯勇俊院长、祝效华院长帮助联系出版社,关心书籍出版;感谢工业设计系主任陈波老师为本书的构架提供了许多的指导;本书的撰写还得到了西南石油大学机电工程学院的领导和同事们的大力支持与指导;同时得到了西南石油大学教材资助项目的经费支持。感谢本院工业设计专业的学生的支持,他们为本书提供图片,做了大量的图片和文字处理工作,尤其是邱季、何伟、刘在林、刘照云、蔡青青等同学。希望本书能够对读者的学习和研究有一定的启迪和借鉴,如能对读者有所裨益,本人将感到莫大的欣慰!

由于时间和水平有限,本书有不尽完善之处在所难免,旨在抛砖引玉,望各位专家、同行不吝赐教,批评指正。

作者
2015年10月

目 录

CHAPTER
设计表达概述

第1章

1

人类的创造来源于思考与表达，设计草图的表达是从无形到有形，从抽象到具象，是一个复杂的创造性思维过程。它是一项综合的创造过程，在这个过程中，设计师要发挥各方面的能力，包括丰富的想象力、熟练的形象表达能力、设计的理论知识应用能力、综合设计能力和技术。在整个设计思维的展现过程中，设计表达的准确、快捷尤其关键。设计表达是以"图形"和"形体"为表现形式，伴随着设计活动的开展而产生的一种语言。设计师借助设计表现表达设计创意、记录设计构思、传送设计意图、交流设计信息，并在此基础上研究和分析设计的表意和内涵，从而完成从构想到现实的整个设计过程。

对于工业设计师而言，设计的表达主要是依靠各种设计图纸，这些图纸比语言更容易交流，是一种构思最快、最高效的表达设计思想的手段。通过这些图纸，设计师可以将自己的设计想法与客户和同事进行设计交流，还可以对客户与同事的意见进行协调、推敲，并找出其中的错误，将设计推入到一个新的层次，最终提供出令各方满意且较深入的设计方案。

当前，电脑技术已融入到设计，其既有优点，也有缺点。在设计的初期，设计方向的模糊与未来的多种可能性，决定了使用电脑进行设计表达不太适合。电脑最大的优点是精细、准确、真实，但速度较慢。在设计构思的阶段，时间对于创意有着特殊的重要意义：能将一个想法快速地视觉化地呈现在眼前，手绘的表达（尤其是草图）有电脑无法替代的效率。另外，在引起人的联想和思维创新方面，手绘也有着无比明显的优势，还很容易体现出自身的个性。众所周知，创意的产生最为关键的是要打破思维的局限和思维定势，而电脑往往容易使人陷入到思维的局限和定势之中，手绘的偶然性有时也能帮助人们突破思维定势。

当然，随着电脑技术的进步，手绘搭配各种模拟自然笔的绘图软件结合压感笔和数位板的手段也逐渐得到了相当多设计师和企业的重视。电脑模拟手绘的系统既提高了效率又不限定思维，尤其是在需要修改和返回前面的绘制步骤时，有着无比的方便，在最终的效果表达方面提供了更多的表现形式和方法，未来无纸化的设计模式也是未来设计的必然趋势。但无论技术如何进步，其表达的基本方法和绘图的原则还是不会有大的变化，手绘的基本功依旧无比重要。至少在目前，手绘的表达依旧是设计过程中必要的一个环节，并且广泛运用于设计的初、中期阶段，是在方案的酝酿、设计的推敲、概念的探索、设计的呈现与设计交流过程中必不可少的环节。

1.1 产品与产品设计表达

1.1.1 深刻认识产品

什么是产品，对于这个问题学工业设计的我们好像很熟悉了，还需要再认识么？那可不一定。从图1.1和图1.2中能判断此包是什么年代设计的么？对产品的认识，需要从多方面来深刻理解。

图1.1　唐代仕女图中的包　　　　　　　　图1.2　当代LV包

在学习工业设计或产品设计，以及进行产品设计表现的过程中，往往会遇到诸多的疑惑。有的人在设计一件产品的过程中，希望这个产品面面俱到，想要把所涉及的任何问题都解决掉，或期待产品的结果是最完美的；有的人临摹能够绘制比较好的产品，一旦要创造新的产品或新的造型，就感觉无从下手；另外一些人，感觉脑袋中有产品的形象，就是画不出来，或是画完后与预期的不一样，或是画完后总感觉自己设计的产品与实际的产品有不小的差距，缺少很多细节；除此之外，另一些人想到了不少出发点，也是针对生活中所遇到的问题进行了解决，但所设计的产品在市场上早已存在。诸如此类的问题，或许困扰了初学者不少时间，但分析其原因，皆是由于对产品认识不足。

工业设计是一门包容性很强的学科，设计一件产品，除了外观造型，还涉及相关材料、工艺、结构，以及用户、市场、环境等诸多影响。这诸多因素交织在一起的时候，设计所面临的问题也相当复杂，当然如果对于产品的理解不够，自然就会造成整个设计不够系统、完善。因此，简单来说要设计一件产品，就必须对此类产品的认识非常深刻，否则很难设计出独特且有价值的产品出来。

从柳冠中教授的设计事理学来看，"产品设计是做'事'，'事'是特指在某一特定的时空下，人与人或物发生的行为互动或信息交换。在此过程中，人的意识中有一定的'意义'生存，而物发生了状态的'变化'。'事'的结构包括：时间、空间、人物、信息、行为、意义。""'理'即规律。通过研究事之理，可以明确在具体的'情景'中，人与物之间的动态关系，以及行为主体意识中产生的价值、情感、意义。"因此可以说设计"是在讲述故事，在编辑一幕一幕生活的戏剧。设计看起来是在造物，其实是在叙事，在抒情，也在讲理。"

如果我们将设计一件产品，类比成一部关于此产品的小说。一位学术大家能以此写出洋洋洒洒数十万字，而普通人，也许就只能写出几千字或几百字。区别就在于对此事的认识深浅不同，没有深刻认识，写出的文章必然是无病呻吟。没有深刻认识产品，做出的设计必然是为了设计而设计，难有内涵。从此角度再来理解开始一些同学遇到的问题，我们就不难发现希望这个产品面面俱到，想要把所涉及的任何问题都解决掉，或期待产品的结果是最完美的，是由于对产品、市场或用户的定位认识比较模糊的原因。有的学生临摹时能够绘制得比较好，但创造新的产品或新的造型时却感觉无从下手，是对此产品没有基本的认识，对产品的功能和布局不太清晰，对产品的基本形态等内容还缺乏认识。有的学生感觉脑袋中有产品的形象，就是画不出来，或是画完后与预期的不一样，是由于头脑中尚未将此产品思考清楚，可能只是有一个大概、模糊的形态和概念，对具体细节的认识还不够清晰。还有一些同学所设计的产品在市场上早已存在，说明对市场或新设计的调研不够，收集和调查信息不全面。

除此之外，与设计表达比较密切的，还有一些关于产品认识的误区。例如很多学生认为产品设计就是画图，通过技法表达出一张比较"炫"、"酷"的效果图就是设计了一件好的产品。但实际上，产品设计是非常复杂的，"炫"和"酷"也许是视觉冲击力较强，但可能由于市场、定位、成本、技术、生产等的诸多原因，它仅仅只能成为一张绘画，而不能成为一件产品。还有一些同学认为产品设计就是造物，创造出一个能生产加工出来的新形态，看起来赏心悦目就达到了目的，这部分同学同样对于产品的认识太为简单，忽略了产品中人的因素。爱克斯泰比说过，"人们并不为事物所扰乱，而是被他们对事物的看法所扰乱"。伽达默尔说过，"一切理解本质上都包含着成见性。"我们所造的物，还一定要是特定定位下的人能理解，符合需要这件产品的用户的目的、动机、情感、价值、意义等。因此我们需要注意到，设计师自己能理解的，未必就是用户所能理解的。从符号学的角度来讲，一件产品的设计相当于是加密的符号，能否被用户很好地解码，并不以设计师自己的意志转移。综上所述，认识产品，看似简单，其实不易，需要我们不断学习各方面知识，了解各方面的信息，同时积累生活阅历，对生活不断感悟。

1.1.2　产品与设计表达

设计表达是将抽象概念的描述向具体形态呈现的可视化过程，是从模糊的形象到清晰的形象演变的过程。

设计表达其实是一个思考的过程，它可以不断启发你的思维，让你的思维开始裂变，头脑开始膨胀，最终使你的思路目标变得更加清晰明了。它并非仅仅是一种简单的技能展现，而是以产品形态的创造为中心展开的相关问题的研究过程。设计表达的描绘是思维迸发后的流露，是"创造""分析""记忆"以及通过笔和纸进行梳理的过程。这里的"描绘"没有固有的参照，而是全新的思考。而"塑造"则更多的是一种研究的过程。它更直观和明确，可以更好地把握形态的演变。这两种类别的表达在产品设计的流程中反复使用、相互配合，在产品设计的不同阶段起着不可替代的作用。

1.2　产品设计表达的内容

1.2.1　产品设计手绘表达的历史

绘画艺术的发展源远流长，在原始时期西班牙阿尔塔米拉洞穴就遗留了有关野牛的岩画，中国的半坡遗址有许多绘制的动物形象。有关器物的描绘也比较古老。中国明代综合性的科学技术著作《天工开物》中的插图（图1.3）就记录了诸多器物的设计资料。欧洲文艺复兴时期的大师达·芬奇更留下了大量的设计手稿，涉及军事机器、力学机械、飞行器、解剖学、机器人等领域的发明和产品（图1.4）。这些都是设计表达的雏形。随着英国工业革命的来临，机器生产代替手工劳动，工厂手工业向机器大工业转变，工业设计开始出现萌芽。包豪斯成立，现代设计诞生（图1.5）。包豪斯是世界上第一所完全为发展现代设计教育而建立的学院。

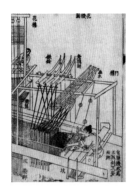
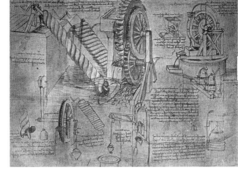

图1.3 《天工开物》插图　　　　　　　　图1.4　达·芬奇手稿

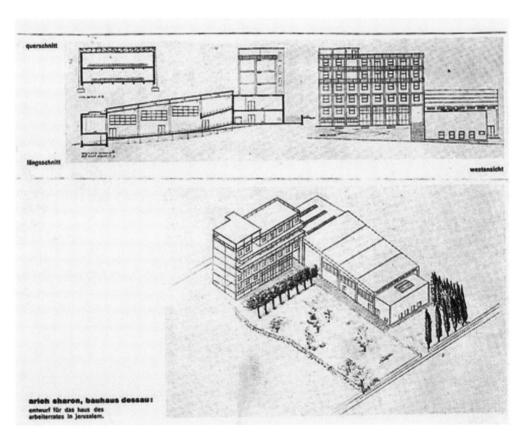

图1.5　1929年的"包豪斯"杂志第22页

　　自20世纪30年代，西方发达国家开始建立独立的设计专业，经过近一个世纪的探索和发展，已逐渐形成了比较完善的设计学科和设计教育体系。专业的设计表达课程，也得到了大力的发展。20世纪50年代后期西方和美国的经济繁荣，促进建筑、服装、工业产品快速发展，对产品设计的手绘发展起了相当大的推动作用。这期间涌现出了一大批设计大师，有号称美国工业设计之父的雷蒙·罗维，有汽车设计界的乔治亚罗、马塞罗·甘迪尼、宾尼法里那，博通设计公司的吕思奥·博通等（图1.6～图1.8）。

近年来涌现出一批着力进行设计表达推广的设计界人物。清水吉治是日本工业设计师、工业设计教育学者、马克笔手绘大师。清水吉治一直被国内外工业设计界公认为设计表现的权威，他的作品更是国内外高校工业设计专业学生临摹的范本。刘传凯是国际知名的华人设计师，在台湾长大，机械专业本科毕业；之后去美国最著名的工业设计学府ArtCenter留学；毕业后在San Francisco 的Astero Design公司工作；之后进入Motorola设计部；2002年回到北京创办Sync2Design。刘传凯设计的产品Compaqlpaq，Nike Triax 300和Triax 50等代表作品享誉全球，成功地创造了产品的销售热潮，成为以设计提升产品价值的最佳典范，并数次赢得日本G-Mark、美国IDSA以及I.D. Magazine大奖。

 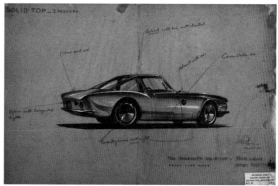

图1.6　美国工业设计之父雷蒙·罗维的设计草图

图1.7　宾尼法里那设计的Birdcage 75th

图1.8　乔治亚罗在绘制汽车草图

20世纪50年代中期开始，随着计算机的普及，信息时代来临，计算机技术也开始逐渐涉足产品的设计表达（图1.9、图1.10）。

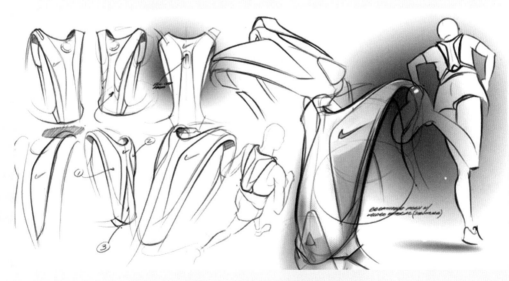

图1.9　计算机二维效果图

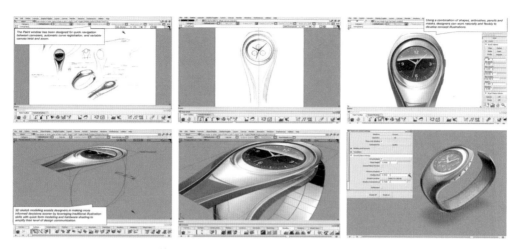

图1.10 使用Autodesk Alias Studiotool制作效果图的过程

与此同时，科技的发展带来科幻电影的繁荣，涌现了一批概念艺术家和设计师。他们有大量的技术知识、想象力、创新力，凭借自己敏锐的直觉，创作出了大量的充满创意、新颖、具有科技感的产品形象（图1.11、图1.12）。

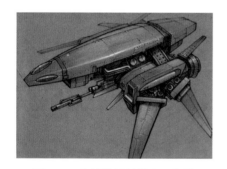

图1.11 朱峰设计的概念飞行器

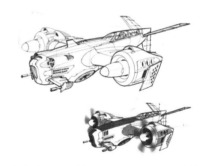

图1.12 Scott Robertson的概念作品

最新的手绘3D建模软件I Love Sketch，从二维平面绘制走向了三维透视实景化，能够实时镜像绘图，带有非常人性化的识别手势。当绘制多条重叠的曲线时，能自动识别修正曲线；还能进行曲线的自动连接，可以非常光滑地相切连续并自动计算曲率，曲线修改后可以分步、分别撤销（图1.13）。

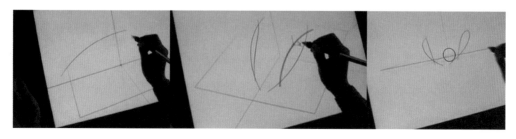

图1.13 I Love Sketch绘制图像

1.2.2　产品设计表达的分类

在设计的整个过程中，设计师必须掌握设计报告书的制作、草图、效果图的绘制以及模型（概略模型，精细模型）的制作等，这些严格意义上都是设计的表现手段和技能。在这些图纸中主要包含设计素描、设计速写、设计草图、透视图、三视图、效果图等。从产品的构思到产品设计的完成，每个阶段的设计过程都离不开不同形式和不同深度的设计图纸。本书主要研究其中的设计手绘表达图。

（1）从工具上分类

随着现代绘图工具的发展，产品绘制的图纸主要以马克笔、色粉、喷笔、彩铅、水粉、水彩等工具来完成。因此，根据使用的工具不同可以分为以下一些类别。

① 马克笔配合色粉表现图。

马克笔配合色粉是最常用的效果图表现手段。马克笔笔触流畅、透明、易干，只要线条排列得当，便能轻松表现物体的明暗；色粉层次分明，过渡柔和；两者结合使用轻松、快捷、简便，是目前最流行的表达方式（图1.14）。

图1.14　马克笔配合色粉效果图

② 马克笔表现图，此类图是以马克笔为主要工具的效果图（图1.15）。

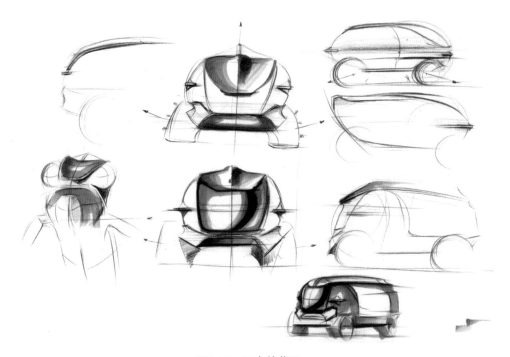

图1.15　马克笔草图

③ 彩色铅笔效果图，此类图是以彩色铅笔为主要工具的效果图（图1.16）。

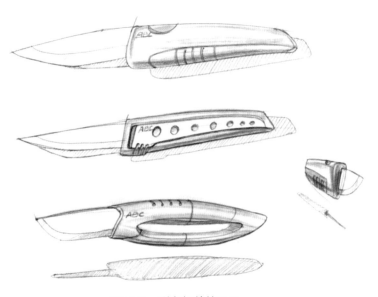

图1.16　彩色铅笔效果图

图1.17　水粉效果图

④ 水粉、水彩、透明水彩效果图。此类图是以水粉为主要绘图颜料的效果图，一般有厚涂、渐层等画法，绘制一般比较细腻逼真（图1.17）。

⑤ 喷绘表现图，是以喷枪（喷笔）、气泵、遮挡板、水粉或水彩颜料组合绘制的效果图，绘制一般非常细腻逼真。

⑥ 计算机二维效果图（数位板结合草图软件或直接用平面绘图软件绘制）。

⑦ 3D软件建模渲染效果图。

（2）从功能上分类

从功能上分类设计表现图一般有4种形式。

① 设计素描：简洁、单纯地用线条描绘的设计图（图1.18）。

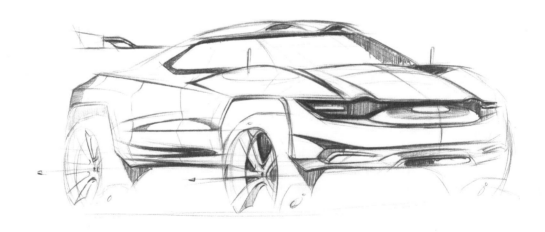

图1.18　设计素描

② 设计草图（sketch）：有设计师说"草图是一个项目中最有价值的部分"。草图主要包含概念草图、细节草图、展示草图、结构草图等（图1.19~图1.21）。所谓草图，强调的是素描的效果，即反映基本的形态、结构比例关系，一般是指产品的方案草图。在设计过程中，方案草图起着重要作用，它可在很短的时间里将设计师的灵感快速地用可视的形象表现出来，而且还可以对现有的构思进行分析而产生新的创意，直到取得满意的概念，伴随着设计的完成。一般来说，草图主要是表现构思产品的基本形态和结构的图，草图的表达能看得清楚明了（结构清晰、形态透视正确，色彩质感基本反映）就行。因此，草图的绘制重点在于表达清楚产品的形态、结构、比例、尺度、基本色彩、质感等特征。

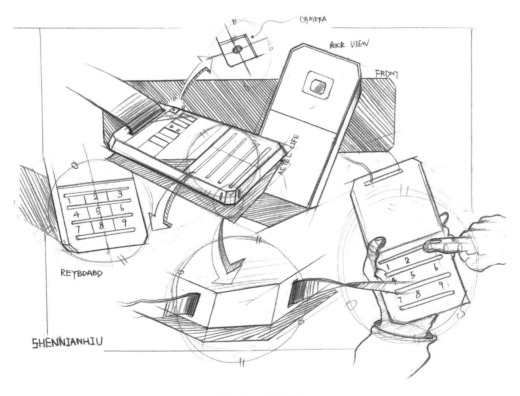

图1.19　细节草图

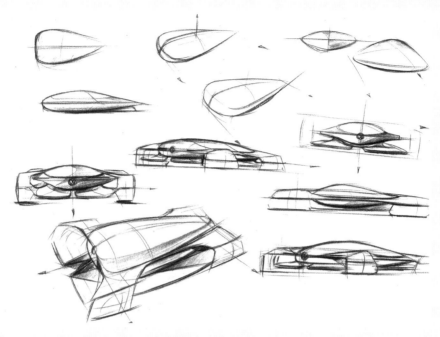

图1.20　详细分析

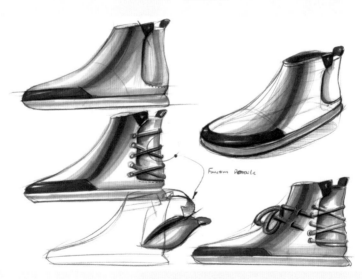

图1.21　展示草图

③ 效果图（rendering）：运用色彩渲染出来的表现图，分为手绘效果图、电脑效果图等（图1.22、图1.23）。效果图又叫渲染图，顾名思义它相对草图来说更强调其渲染的表现效果。效果图一般是在设计产品的过程中，设计师用来表达自己的创意、构思，表达自己的设计意图所绘制的表现图，也叫预想图。效果图是表达程度很真实和完善的一

种表现图，重点在于渲染出产品的特点，要求具有很强的表现力、表现强度和视觉冲击力。根据使用的目的大致可分为方案效果图、展示效果图和三视效果图。效果图着重表达产品的真实效果，重在质感和表达技巧。只要掌握方法，谁都可以画出好的效果图。

④ 设计制图（工程图）：对于设计的表达而言最为重要的是草图和效果图。因此在

图1.22　手绘效果图

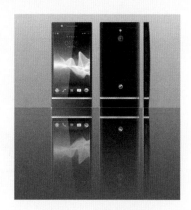

图1.23　电脑效果图

本书中，我们主要是研究草图和效果图。草图一般是在构思阶段绘制的，而效果图一般是在设计后期绘制的。

（3）从技法上分类

根据设计表达的技法进行分类，可以分为以下3种。

① 底色法，该法是在有底色的纸上进行单色绘制，只提高或降低底色的明度层次，依靠素描关系，绘制出产品的形象，由于大面积借用底色，速度较快（图1.24）。

② 厚涂法，该法是利用水粉覆盖能力较强的特点，采取分块面平涂不同的色块进

图1.24　底色高光法效果图

行绘制，一般画面较大，整体效果逼真，但非常耗费时间（图1.25）。

③ 综合法，顾名思义是综合各种技法和工具的一种方法（图1.26）。

图1.25　厚涂法效果图

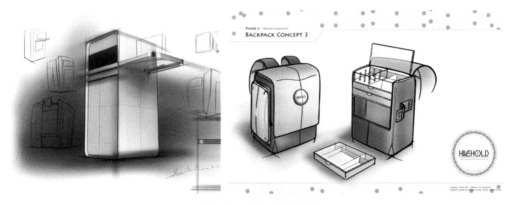

图1.26　综合法效果图

1.2.3　设计表现图的特点

　　产品表现是产品设计的语言，也是设计师传达设计创意必备的技能，是设计全过程中的一个重要环节。

　　设计师应用的表现技法不是纯绘画艺术的创造，而是在一定的设计思维和方法的指导下，把符合生产加工技术条件和消费者需要的产品设计构想，通过技巧先加以视觉化的技术手段。因此，表现技法这种专业化的特殊语言具有区别于绘画或其它表现形式的特性。

人类的创造来源于思考与表现。工业产品设计预想图的表现是从无形到有形，从想象到具体，是一个复杂的创造性思维过程的体现。产品设计需依据周密的市场调查、市场分析，才能决定新产品开发的方向。设计师循着开发方向，提供产品预想的新式样。优秀的工业设计师以较清晰的预想图，将头脑中一闪而过的设计构思，迅速、清晰地表现在纸上，展示给有关生产、销售等各类专业人员，进而协调沟通，以期早日实现设计构想。产品预想图的表现技法越来越受到重视，不仅早已成为设计师传达设计创作必备的技能，而且能活跃设计创作思维，使辅助设计构思顺利展开。因此，产品表现技法在工业设计过程中，确实是一个重要的步骤和方法。

（1）传真

设计表现图除了通过色彩、质感的表现和艺术的刻画达到产品的真实效果。最重要的意义还在于传达正确的信息，正确地让人们了解到新产品的各种特性和在一定环境下产生的效果，便于各种人员都看得懂，并理解。因而设计领域里"准确"非常重要，要求既具有真实性，能够客观地传达设计者的创意，又能忠实地表现设计的完整造型、结构、色彩、工艺精度。能够从视觉的感受上，建立起设计者与观者之间的媒介。所以，没有正确的表达就无法正确地沟通和判断。

（2）快速

现代产品市场竞争非常激烈，有好的创意和发明，必须借助某种途径表达出来，缩短产品开发周期。无论是独立的设计，还是推销设计，面对客户推销设计创意时，必须互相提出建议，把客户的建议立刻记录下来或以图形表示出来。因此，快速的描绘技巧是设计师非常重要的能力之一。

（3）美观

设计效果图虽不是纯艺术品，但必须有一定的艺术魅力。优秀的设计图本身是一件好的装饰品，它融艺术与技术为一体。表现图是一种观念，是形状、色彩、质感、比例、大小、光影的综合表现。设计师为使构想实现，被接受，还须有说服力。同样的表现图在相同的条件下，具有美感的作品往往胜算在握。设计师想说服各种不同意见的人，利用美观的表现图能轻而易举达成协议。具有美感的表现图应干净、简洁有力，悦目、切题。当然，这些也体现了一个设计师的工作态度、基本素质与自信力。

（4）说明性

图形比单纯的语言文字更富有直观的说明性。在一幅设计表现图中，尤其是色彩表现图，更可以充分地表达产品的形态、结构、色彩、质感、量感等。还能表现无形的韵律、形态性格、美感等抽象的内容，表现图本身具有高度的说明性。设计者要想完全表达出设计的意图，还必须通过各种方式提示说明，如草图、透视图、表现图等都可以达到说明的目的。

（5）逻辑性和功能性

工业设计的内容是产品设计，其理论建立的基础是大工业生产的批量产品，批量生产的标准化和系列化以及机械的加工方式等就决定了产品的内在功能结构和外观造型必须要符合加工方式的批量生产，由于生产模具的关系，其内部功能和外观必然有着严密的逻辑关系。因此，在绘制设计表现图时应以清晰表现结构为主（图1.27）。不少初学者从未认真、仔细地观察过产品，也不了

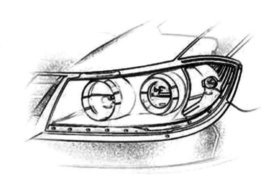

图1.27　车灯的结构复杂也应清晰表达其结构关系

解产品的生产和制作过程，常常会忽略掉所设计产品的逻辑性和功能性。

总的来说，设计效果图作为产品创作的一种表现手段，必须要服从产品创意的原则，要符合严谨的结构关系、比例和尺度关系，也就是说表现风格可以各异，但表现的效果应该是一致的。表现的是产品的直观感觉，基本目的是让人能明白设计师的创意和使人理解设计师所设计的产品。好的设计表现图还应该具备直观性、说明性、美观性和快速性。

1.2.4　设计表现图绘制快慢的相对性

用手绘来表达设计概念和意图，有"快"的特点。"快"和"慢"是一个相对的概念。一方面和表现对象的复杂程度有关，比如单件的物体形状、简单的器具、工业产品等等，表现难度低一些。而室内、建筑设计需要考虑整个空间和充斥其内的各种各样家具和物品，有时是相当复杂的空间环境，因此要花费比前者多几倍的时间来思考构图和

绘制。另一方面快慢程度又和表现的方式有联系。制作一副精细的设计表现图往往需要花费几个小时甚至更多的时间，相比之下，简捷而又概略的草图的表现方式所需要的作画时间要少得多，虽然有时不及精细表现图那样表达全面、逼真，但在速度和效率上却是其它任何方式所不能比拟的。

1.2.5　产品设计表达的技巧性

表现技法具有复杂性，不是一种只能以神秘的力量得到的不可思议的能力。在许多方面，它与绘画基础训练或演奏乐器的训练极为相近，要在学习和实践中掌握它。

也许有极少数人，即使不经过表现技法的训练也能设计出好的产品，或拿起画笔自然而然地将表现图画好。但是，对绝大多数人来说，技巧必须是在详细了解、适当训练后才能掌握。正是有了高度发展的技巧，我们才能得心应手地运用它。一个有经验的设计师不会一心想着如何把表现图画得漂亮，而是想到设计的发展方向和结果，把娴熟的表现技巧自然地融入整个设计过程之中。对于初学者来说，应把表现技法看做是相对独立的学习，尽可能实践表现技法的所有细节，才能在今后的设计工作中熟练地应用。我们应该记住，即使是很有创造能力的设计师，也肯定会从表现技法的训练中受益。

1.3　产品设计表达的作用和意义

（1）设计表达的重要性

设计表达是设计师的基本素养，不但能表现设计，还能辅助设计思考，方便设计师之间的沟通，方便设计师和客户之间的沟通，因此设计表达是设计师的重要语言。设计师通过这种"语言"在图纸上把自己的想法说出来。通过最终的设计深入和完善，把一个想法变成真实的产品。

对工业设计师来说，设计表达的手绘技能的重要性在于，设计师通过快速设计表现和适当的设计表现工具能迅速记录自己瞬间的想法和创意，流畅地表达自己的想法。市场瞬息万变，商品更新换代的速度越来越快，设计师只有善于把握市场动向，迅速做出回应，不一定要有精描细绘，但概念表达一定要清晰迅速，能够捕捉消费者的真实需求，才能设计出满足市场需求的产品。

事实上设计表现也是工业设计的一个重要过程，需要不断地实践来完善。好的设计表现基本功，能够帮助设计师更好地思考设计，推敲设计细节。

（2）设计表达是思维的纸面再现

在现代社会的工业技术和经济条件下，消费者对产品日益增长和不断变化的需求，促使企业不断提供新的产品，并尽可能缩短产品开发设计的周期。设计师的设计任务比以往增多，而设计开发的时间减少，这就要求设计师有较高的工作效率。在保证产品设计质量的前提下，追求快速是节约时间和资金、获取市场经济效益的良好途径。这就要求设计师必须掌握技巧，达到相当熟练的程度，做到把自己心里所想的创意，得心应手地快速表现出来，并且达到合理、准确。

设计表现是设计师思维的再现，设计思维是一个极其复杂的过程，是形象思维和抽象思维的交替，既有感性思维，又有理性思维，从设计草图上，可以看到这些思维方式的灵感火花。

（3）设计表达可以辅助思维

工业设计是创造性的活动，在设计复杂产品的时候，尤其是涉及复杂的技术、材料、原理、结构方式时，如果不借助视觉辅助，往往难以思考清楚，这个时候可以通过草图来辅助思维。设计师可以通过边画边思考的方式，在草图上不断深入，推敲设计。这一过程不仅锻炼了思维的想象能力，而且通过对大脑想象的不确定图形的展开，诱导设计师探求、发展、完美新的形态和美感，获得具有新意的设计构思。

对于全新的产品，会涉及许多开拓性的工作，这些工作可能是前所未有的，没有任何资料可以参考或是借鉴，设计师可以通过设计草图辅助思考。

（4）设计表达可以记录瞬间的灵感

人的大脑中的一些奇思妙想转瞬即逝。在特定环境下受到启发可能突然就产生了一个想法，即常说的灵感。这种灵感如果不迅速地记录，很可能很快就想不起来了。每个人的灵感刺激条件不同，产生灵感的环境也不同，要在短时间记录这些灵感，设计草图无疑是最佳的选择。设计草图工具多样灵活，表达方便迅速。

（5）设计表达是想象力的视觉化

想象力是人脑特有的创造工具，通过无穷的想象力，可以按照自己的想法用设计表现工具描绘出未来的产品和未来的生活。设计表达可以把想象力清晰地展现在人们的面前。

（6）设计表达是设计师思维交流的工具

设计表达是设计师思维交流的工具。设计表达手法多样，表达灵活，既可以线条速写，也可以借助于Alias或Photoshop等计算机辅助设计软件。

设计师用草图表现交流设计，可以用图形、符号、简单的文字说明把一个创意或想法变成可以沟通交流的设计方案，方便设计师和设计师、设计公司和客户、设计师和消费者之间的沟通交流，这种构成是产品设计必不可少的过程，而清晰明了的设计草图可以让这种沟通交流变得既简单、又有效率。设计师通过钢笔和马克笔工具，配上少量文字说明，让设计师的创意迅速跃然纸上。

形象化的表现图比语言文字或其它表达方式，对于形象化的思维具有更好的说明性。通过各种不同类型的表现图，如草图、投影图、产品外观效果图等，能充分说明所追求的目标。许多难以用语言概括的形象特点，如产品形态的性格、造型的韵律和节奏、色彩、量感、质感等，都可以通过表现图来说明。

表现的内容应该是真实的。设计师应用表现技法完整地提供产品设计有关功能、造型、色彩、结构、工艺、材料等信息，忠实地、客观地表现未来产品的实际面貌，从视觉感受上沟通设计者和参与设计开发的技术人员与消费者之间的联系。

1.4　工业设计中设计表达的指导思想

设计表达的方法有许多，各种表达方法综合运用起来可以产生极强的表达能力。对于设计中的一个要表达的因素，可能有几种可选择的表达手段，究竟用什么方法去表达才是合理的？使用哪几种表达手段的组合，对说明表达内容才是理想的？这是很难回答的问题。读者也许希望有明确的表达手段同表达对象的对应关系。这样在实践应用中，只需对位引入，不用再为选择手段方式而费心，只要利用技巧去制作就可以了。例如，设计初期表达用速写，中期表达用效果图，后期用仿真模型表现设计结果，把它们合在一起组织成报告书这样一个套路模式。对于这个"模式"本书无意否定，也承认它在设计表达方面的积极作用，"模式"在一定时期内对应于一定的表达对象和可资利用的表达手段是有一定效果的。但应该认清的一个事实是，"模式"化的表达方式并不总是恰当的。因为一个设计因素可能有许多表达的方法可以选择利用，"模式"排斥了那些可能更具表达力的手段的应用，而且"模式"仅是设计表达的手段和程序的选择，它和设计思维并不总是对应的。特别应该注意的是"模式"仅能包容一般的设计内容，对于特殊的要表达的对象，它反而会变成一种阻碍因素。

既然我们部分地否定了"模式"的应用，那么究竟什么样的表达才是合理的呢？对此，我们无法用公式预先确定它的程序和结果，而且创造性设计活动本身也不应用框架去把它约束住。设计表达要合理，首先得符合设计活动的总体目的。在此我们应遵循设计表达目的的要求，确立表达的主导思想和基本原则，用以把握设计表达的方向。

（1）准确和恰当

准确是要求所表达的内容必须符合被表达的对象，要准确地反映被表达物的本质特征，无论是具象的形态或是抽象的概念，关键的因素不可含混、遗漏或夸大。

恰当是要求选择的表达方式与被表达的内容之间的关系要恰当。例如，对于要表达的形态因素要选用视觉图形化的表现手段，对于空间物体在时间中变化的表述对象，也选取具有空间和时间变化的方式为宜。实际上我们生活中使用的各种表达方式，如语言、文字、图表、图形符号等，每种方式都具有一定的表述优势和局限。关键是针对被表现对象的特点，选择和组合以达到恰当的效果。

（2）快速和经济

设计表达并不是创造活动的最终目的，纸面上的效果或计算机数据、图形也不是设计师所追寻的产品设计的最终结果，它是设计思维过程的再现及对设计方案的说明。人的思维能力是很容易受到制约的，如果在设计过程中过分地将注意力专注于如何表达，势必影响思维对解决设计对象的思考，制约了设计师创造能力的发挥。因此，设计人员在熟练掌握基本表达技法的基础上，在设计中轻松、灵活应用，将主要的精力集中于设计创新，让表达的速度跟上思维的脉络，以便在较短的时间内，以较经济的手段清晰地阐明时间构思。

（3）系统和规范

要让人明了产品设计诸因素的关系和各因素的重要程度，必须将要表达的内容进行系统化的处理；各种设计因素要依其所起的作用、性质和特征进行组织分类，纳入编排好的系统中；要有严谨的关系和清楚的条理，使设计表达的接受者能清楚地了解设计师的创新意图和解决复杂设计因素的逻辑思辨。另外，设计表达要整理成较规范的格式，因为产品的设计表达要综合地使用多种表达手段，为避免零散和混乱，达到较好的视觉传递效果，应使用统一而规范的处理手段，使不同的表达内容和不同的表达手段协调在规范的格式之中。

1.5 产品设计表达的学习方法

（1）重视基本功

设计的表达在工业设计中十分重要。工业设计的过程是以形态、功能、材质、结构等方面的探讨来进行的，一个缺乏造型能力的人来进行设计的创新是难以成功的。要想设计想法得以实现，必须是建立在扎实的专业基础之上的。扎实的素描基本功和对形体的造型和美的理解是提高设计表达的基础。在效果图或草图中准确的透视、流畅的线条、清晰的明暗关系、真实的色彩与质感的表现都说明了基本功的重要性和必要性。

（2）重视传统，生活中要随时观察和归纳

无论要绘制的产品多么复杂，都是由简单的基本几何体组合而成，再特别的细节也是如此。充分而仔细的观察和归纳这一环节，对于表现产品的造型和细节必不可少，如果连所设计的产品基本组成部分、结构、特征都不清楚，就去设计这一产品是难以想象其结果的。"功能决定形式"，每个产品都有其特殊的结构和部件，如果在设计中毫无理由地去改变这些地方，只会造成设计最终无法实施。对于品种繁多的各类产品，平时对生活中各种事物的关注、观察、归纳和思考，是成为一个设计师必须要重视的一个问题。思想的传递和展开，需要建立在大量对生活的观察之上，无论是对于设计或是表达，这都十分重要。只有当设计者看清楚了，才能表达清楚，只有当设计者想明白了，才能表达得出来。

另外，要想完全创造新颖的形态并不容易。最简单的办法莫过于"站在前人的肩膀上"，这就需要我们不断地了解设计相关的资讯，从前人的成果中去吸收精华，然后再去创造。因此有人说"没有继承，谈不上创新"。可以说中华五千年文明，遗留下的基本都是精华，能在这些文化中汲取养料，必定会使我们的设计更具有创意。

（3）树立信心

学习任何技术都不是一蹴而就的，设计表达的学习也会一波三折，尤其对于很多复杂的形态，想要一挥而就，的确不是一件容易的事。要学好它，重视这些设计表达的规律、遵循一定的方法，进行大量基本功的练习，是完全没有问题的。技术类的活动没有其它捷径，只是"唯手熟耳"而已。因此，树立好信心，坚持不懈地继续练习下去，必将有提高的一天，千万不可因学习过程中的没有进步、甚至退步或是"无感觉"而放弃。

（4）以临摹起步，逐渐提高到有意识、有目的的创作

临摹是学习艺术和绘画最基本的方法。由简到难，循序渐进的临摹，是提高设计表达能力的有效方法。初学阶段，尤其是在遇到某方面困难的时候，可以针对性地进行临摹，但是临摹一定要注意一些问题，不能仅仅是为了学习而学习，还应在临摹的过程中不断去体会美，体会所临摹的产品带给自己的感动。这些感动和体会才是具有生命并且能启发我们设计的东西。当然，这也要求我们在选择临摹作品时，一定要精心挑选，原作的起点越高，临摹所得的收获才越大。但也要量力而行，选择作品要切合实际。当临摹到了一定程度，能基本解决点、线、面、色、质的问题后，就可以进行有意识的形态创造，在创造的过程中逐渐加强体会，渐渐地赋予作品生命力，让它打动自己，打动别人。

1.6　产品设计表现技法的学习要点

表现图必须要把形、色及质感的要素充分地描绘出来，因为这是将来制作产品时的依据，所以要理解视觉上的全貌，画出具有足够表现力的立体图像，达到暗示设计用材、材料表面加工工艺及表面处理的画面效果。

要画好产品表现图并非是件容易的事，它的表现手法如此丰富，要熟练地运用它，必须是有一定经验的行家。要画好产品表现图，不仅要了解设计的思维方法，还要懂得绘画语言，懂得色彩规律以及在二维平面上进行三维造型所需要的基础修养。如果缺乏这些必要的知识，把希望仅仅建立在技法上，是不会有大成就的。因此学习产品表现技法应注意以下要点：

1）设计表现与其它具有创造性的工作一样，并不是按固定模式进行，要善于吸收、借鉴和发展自己的独立个性，避免单纯的模仿。

2）对于并非一定要用产品表现图来表现的设计构思，不如使用其它方法来说明，如文字、机械制图或模型。表述的语言不要受制约，应以准确、快速、经济为准则。

3）经过对多种表现技法的学习、尝试，最后可集中在一两种最适合个性需要的，并能具有广泛的适应力的表现技法上。

4）创造性用于设计的全部过程中，技法的应用也是灵活的，可以根据产品的内容适时调整。

5）任何时候不要忘记，表现技法不过是进行设计的表述方式，产品表现图首先要

有合理、感人的内容，不要企图玩弄技巧来达到某种不实际的效果，失去了设计表现的本来内容。

有关设计的补充知识　Dieter Rams关于"好设计"的十大原则

① Good design is innovative.

创新：创新的可能性永远无穷尽。

② Good design makes a product useful.

可用性：不仅指功能上，还有心理和审美方面。

③ Good design is aesthetic.

美观：美感也是产品可用性的重要组成部分，只有精心设计的产品才值得每天相处。

④ Good design makes a product understandable.

易读性：清晰地表达产品的结构、功能及使用方法，也就是拥有良好的人机交互界面。

⑤ Good design is unobtrusive.

谦逊不张扬：产品保持自己应有的特性，而不是作为装饰品或艺术品。

⑥ Good design is honest.

诚实：忠实地传达功能，而不是企图显得更高级更奢华。

⑦ Good design is long-lasting.

耐久：经典比时尚更持久。

⑧ Good design is thorough to the last detail.

细枝末节都深思熟虑。

⑨ Good design is environmentally friendly.

对环境友好：产品的整个生命周期尽量节省能源，并将污染降至最小化。

⑩ Good design is as little design as possible.

尽少的设计：至纯至简，要更少设计但却要更好。

CHAPTER 2
设计概念的表达

通常，产品创新设计过程包括研究与分析阶段、构思阶段、制图阶段和发展与最佳化阶段。概念构思阶段是产品设计过程中最富有创意的阶段，而草图是构思阶段的重要创意媒介。在草图构思过程中，设计创新思维的运用尤其关键。

Dieter Rams关于"好设计"的准则中也提到，"好设计"是周密的，"Good design is thorough to the last detail"。一个设计人员，绝对不能放纵自己的产品在随心所欲、没有规划的状态下完成。用"心"设计、按部就班完成的产品，才能显示对消费者的尊重。

2.1 设计思维与表达

2.1.1 思维

所谓思维是指人脑利用已有的知识，对记忆的信息进行分析、计算、比较、判断、推理、决策的动态活动过程。它是在表象（感知过的客观事物在人脑中重现的形象）和概念基础上进行分析、综合、推理的认识过程，是获取知识以及运用知识求解问题的根本途径。前面已谈过认知产品的重要性。对产品的认识不够，是无法设计出合理的产品的，运用思维对所设计的产品进行分析，从某种程度上来讲也是对产品的认识。

在绘制草图或创造形态的过程中，视觉思维也穿插于其中，"这些认识活动是指积极的探索、选择、对本质的把握。简化、抽象、分析、综合、补足、纠正、比较、问题解决，还有结合、分离、在某种背景或上下文关系之中做出识别等。"

下面简要介绍一些常见的思维形式。

扩散思维是指从一点出发，向各个不同方向辐射，产生大量不同设想的思维。

集中思维是指紧随扩散思维，在大量创造性设想的数量中，通过分析、综合、比较、判断，选择最有价值的设想。

正向思维是指按照常规思路或者遵照时间发展的自然过程，或者以事物的常见特征与一般趋势为依据而进行的思维方式。

逆向思维也称为逆反思维或反向思维。它是相对正向思维而言的一种思维方式。正向思维是人们习以为常，合情合理的思维方式，而逆向思维则与正向思维背道而驰，朝着它的相反方向去想，常常有逆常理。逆向思维可以分类为：结构逆向、功能逆向、状态逆向、原理逆向、序位逆向、方法逆向等。

分离思维是将思考对象分开剥离进行思考，从而找到解决问题的新方法的思维。

合并思维是指将几个思考对象合并在一起进行思考，从而找到一种新事物或解决问题的新方法的思维（图2.1、图2.2）。

除此之外，工业设计常用的创新方法还有很多，例如：移植设计（材料替代、零部件替代、方法替代、技术替代），功能组合法，仿生设计，头脑风暴法，强制联想法等。

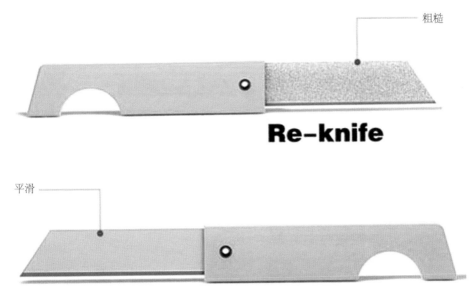

图2.1　小刀的设计运用了合并思维和替代法

图2.2　勺子的设计运用了合并思维

Philippe Malouin设计的座椅既可以当座椅，又可当衣架，能够一物多用（图2.3）。Jung Dae Hoon设计的茶杯（图2.4），利用形态的特殊，创造性地解决了泡茶中的问题。如图2.5所示拖鞋的设计也用了合并思维。

图2.3　Philippe Malouin设计的座椅

图2.4　Jung Dae Hoon设计的茶杯

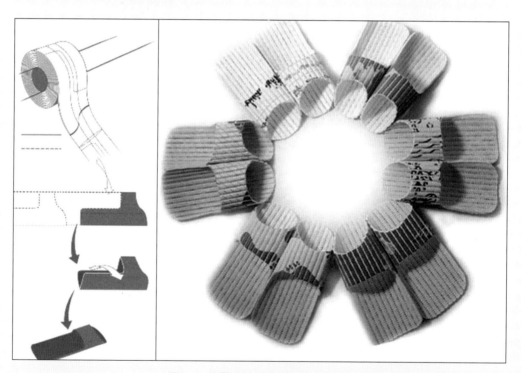

图2.5　拖鞋的设计也用了合并思维

设计活动中，运用最多的是创造性思维，创造性思维是根据一定的目的和任务，在大脑中创造出新形象的过程。

2.1.2 如何进行创造性思维

从广义上看，所谓创造性思维是创造者利用已掌握的知识和经验，从某些事物中寻找新关系、新答案，创造新成果的高级的、综合的、复杂的思维活动。创造性思维与一般性思维相比，其特点是思维方向的求异性、思维结构的灵活性、思维进程的飞跃性、思维效果的整体性、思维表达的新颖性等。关于创造性思维的过程，英国心理学家华莱士（G.Wallas）提出了四阶段论。华莱士认为任何创造过程都包括准备阶段、酝酿阶段、明朗阶段和验证阶段。美国心理学家艾曼贝尔（T.Amabile）提出了五阶段论。艾曼贝尔从信息论的角度出发，认为创造活动过程由提出问题或任务、准备、产生反应、验证反应、结果五个阶段组成，并且可以循环运转。

以华莱士的四阶段论来看创造性思维的活动过程。

（1）准备阶段

准备阶段是创造性思维活动过程的第一个阶段。这个阶段是搜集信息、整理资料、前期准备的阶段。由于对要解决的问题，存在许多未知数，所以要搜集前人的知识经验，来对问题形成新的认识，从而为创造活动的下一个阶段做准备。如爱迪生为了发明电灯，据说光收集资料整理成的笔记就两百多本，总计达四万多页。可见，任何发明创造或设计都不是凭空杜撰，都是在日积月累，大量观察研究的基础上进行的。

在准备阶段，尤其要重视观察，敏锐的观察能力是设计师所必备的能力。在我们观察自然形态时，不应从某个局部、细节、角度、方面、阶段来看，而应由外及内、由大到小、由运动到静止、由局部放大到整体。观察是设计思维的第一步，不会观察就根本无法去进行思维，因为连"问题"都发现不了。

观察是发现问题、收集信息、学习知识的过程。常言道"内行看门道，外行看热闹"。观察这一过程看似简单，其实不然，因为要想真正"看"出点"门道"。首先就必须先成为一个"内行"，即要先具备正确的方法和一定的知识及经验。

分析的问题越多、越透彻，解决的问题也就越明确、越彻底。解决问题的方法有很多种，但解决问题的前提是发现问题和提出问题。只有发现问题，提出原有形态的不足，才能加以改进、完善，从而产生新的形态。发现问题和解决问题也是设计师的基本素质。设计师要注意从多角度去观察事物，敏锐地发现非常重要但又容易被一般人忽略的问题，这样才有可能找到解决问题的关键所在。

作为设计产品，一定要观察以下几个方面。

① 观察形态与结构的关系　结构是形态的重要保证，没有合理、有效的结构，即使其外观形态再美，也只能是"昙花一现"。

② 观察形态与材料的关系　人工形态的造型离不开材料，这些材料既有来自天然的，也有来自人工的，人工形态的材料较之自然材料更加丰富。

③ 观察形态与功能的关系　人工形态的造型往往与其功能有着十分密切的关系，在观察时应充分考虑功能对形态的影响。联系功能来观察形态，可以帮助我们更好地理解形态、把握形态。合理的形态会有助于功能的实现，反之则会阻碍功能的实现。

要经常运用比较观察、联系观察。片面与孤立的观察是错误的观察方法，通过比较才能辨别差异，才能发现与众不同。事物是普遍联系的，人类受客观条件的限制，有时无法全面整体地观察到事物的全貌，所得信息较为零乱，把一些信息收集、整理后与一些相关的部分信息联系到一起进行观察，构成较为完整的全貌，然后再反复比较是较科学的观察方法。

（2）酝酿阶段

酝酿阶段主要对前一阶段所搜集的信息、资料进行消化和吸收，在此基础上，找出问题的关键点，以便考虑解决这个问题的各种策略。在这个过程中，有些问题由于一时难以找到有效的答案，通常会把它们暂时搁置。但思维活动并没有因此而停止，这些问题会无时无刻不萦绕在头脑中，甚至转化为一种潜意识。在这个过程中，容易让人产生狂热的状态，如"牛顿把手表当成鸡蛋煮"就是典型的钻研问题狂热者。所以，在这个阶段，要注意有机结合思维的紧张与松弛，使其向更有利于问题解决的方向发展。

在此阶段，尤其要重视分析、归纳和联想。"分析"意在将"整体"的组成成分从原理、材料、结构、工艺、技术、形式等不同角度来观察，在分析过程中，观察也渐入"门道"了。"分析"既可使"观察"全面、细致，又使"观察"系统、深入，在"比较"中真正理解"物的本质和存在规律"，这不仅有利"观察"，更对下阶段的"归纳、联想"打下广博的基础。尽管"分析"问题十分重要，但设计是为"解决"问题的。"分析阶段"的目的是"析出"问题的"本质"，从而"归纳"出"实事求是"的"设计定位"，以便解决问题，所谓"解决问题"是指提出的"定位"有可能实施解决。"归纳"还在于将具体而繁杂的问题进行分类，以析出"关系"，明确"目的"，为"重新整合关系"提供依据。"联想"并不是无目的的、无边际、低效率的乱发散，而是在"观察、分析、归纳"阶段中强调问题的基础上进行。"联想"能打破线性的逻辑思路，需要为"联想"编织一个既有因果关系的理性抽象逻辑，也有人文渊源的想象语境之"多维"网络。

（3）明朗阶段

明朗阶段，也即顿悟阶段。经过前两个阶段的准备和酝酿，思维已达到一个相当成熟的阶段，在解决问题的过程中，常常会进入一种豁然开朗的状态，这就是前面所讲的灵感。耐克公司的创始人比尔·鲍尔曼，一天正在吃妻子做的威化饼，感觉特别舒服。于是，他被触动了，如果把跑鞋制成威化饼的样式，会有怎样的效果呢？于是，他就拿着妻子做威化饼的特制铁锅到办公室研究起来，之后，制成了第一双鞋样。这就是有名的耐克鞋的发明。在明朗阶段，还应对整个方案进行评价。

（4）验证阶段

验证阶段又叫实施阶段，主要是把通过前面三个阶段形成的方法、策略，进行检验，以求得到更合理的方案。这是一个否定–肯定–否定的循环过程。通过不断的实践检验，从而得出最恰当的创造性思维过程。

晚清学者王国维在《人间词话》所说"古今之成大事业、大学问者，必经过三种之境界：'昨夜西风凋碧树。独上高楼，望尽天涯路。'此第一境也。'衣带渐宽终不悔，为伊消得人憔悴。'此第二境也。'众里寻他千百度，蓦然回首，那人却在灯火阑珊处。'此第三境也。"实际也是说的准备阶段、酝酿阶段和解决问题阶段。

细分下来，我们从设计的角度，可以发现，在设计的创新思维过程中往往会经历以下8个阶段：

1）细微质疑，发现问题。

2）详细调查，分析问题。

3）求知于世界，更上一层楼。

4）强化想象，望尽天涯路。

5）扩散思维，捕捉思想的火花。

6）集中思维，探索规律。

7）逐步逼近，形成新的概念。

8）验证充实，反馈修正。

除此之外，美国创造心理学家格林提出创造力由10个要素构成，即知识、自学能力、好奇心、观察力、记忆力、客观性、怀疑态度、专心致志、恒心、毅力。日本创造学家进藤隆夫等人提出创造力是由活力、扩力、结力及个性4个要素构成。作为设计师，要提高创造力，也需要自己在平时就对这些方面进行训练和关注。

2.1.3 创造性思维与设计表现的关系

创造性的思维可以用来分析解决问题，在记忆中提取需要的创意信息，通过联想找出不同元素之间的关联，并将之转换为"意象"。还可以对所产生的"意象"和"概念"进行各种抽象的处理，或使之发生转换，使得所设计的形象越来越清晰。同时创造性思维还帮助我们对绘制的草图进行审视和评价，逐渐地调整方案，直到方案深入、确定（图2.6）。

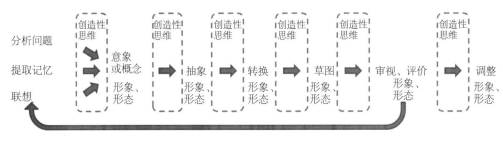

图2.6 创造性思维与设计表现草图的关系

2.1.4 设计思维的方法和特点

设计思维的过程就是一个发现问题，分析问题和解决问题的过程。所谓"问题"是指设计各要素交织在一起时，产生的关系或矛盾。

一个新的形态被提出后，设计首先要确定这个形态是什么样的、由哪些因素构成，也就是说要去寻找问题；然后再来分析这个问题为什么是这样而不是那样，这就是分析问题的过程。分析问题的目的是要探索解决问题的各种途径；最后才是怎么办，也就是选择正确的方法来解决问题。

运用设计思维解决问题，往往需要打破思维定势。一般来说，工科院校的学生逻辑思维强，善于运用逻辑思维解决问题，当需要创新思维的时候，就显得思维的方式较为局限、单一。同时，工业设计不光涉及技术问题、生产问题，还涉及对产品需求的差异化和个性化，用户的目的、动机、情感、价值、意义等，往往交叉综合在一起，具有诸多模糊、不确定的因素。逻辑思维在解决此类问题时，完全变成了线性思维。采用单向、单维度、缺乏变化的思维方式，以试错的方式来解决问题，当线性思维的其中一个节点行不通时，整个思维就会停顿，或路越走越窄，陷入思维的陷阱（图2.7）。

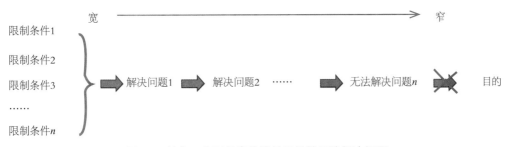

图2.7　其中一个环节出错线性思维就无法解决问题

而创造性思维则是相互连接的，非平面、立体化、无中心、无边缘的网状结构，类似人的大脑神经和血管组织，例如思维导图（图2.8）。

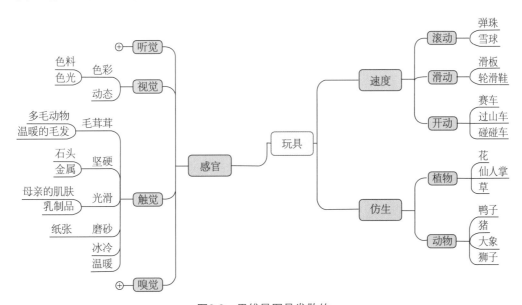

图2.8　思维导图是发散的

当然，在整个设计的过程中，逻辑思维必不可少，但由于设计所遇到的诸多模糊、不确定的因素，逻辑思维往往不能较好地解决问题。因此，要想得到好的创意，除了要善于运用逻辑思维，创造性思维方式的运用就更加关键了。

2.1.5　思维陷阱、思维定势与突破

人们在生活中，一旦形成了某种固定观念，就会束缚住自己的手脚。这个固定观念，就是思维定势。当思维定势限制住自己的思维，就会成为人们认识事物和创新的障碍。但从传统思维方式转换到创造性思维方式，是一个漫长的过程，训练创新思维有助于设计灵感的产生。

一般来说思维产生定势主要是有以下几方面原因。

1）固定观念：例如电脑是需要有键盘的；键盘应该是看得见的。

2）经验和习惯：例如中国人习惯用筷子夹菜，而西方人则习惯用刀叉。

3）从众心理：大众的认识也能造成创新的障碍。

4）权威惯性：例如牛顿的三定律，就很少有科学家思考是否是有局限的。

创造性思维是一种高级思维，有其鲜明的特征。将这种思维与具体设计结合起来，并通过刻苦的训练，就能获得创造能力。

打破思维定势的方法有很多，创造性思维的常见形式主要有：形象思维，抽象思维，发散思维，收敛思维，逆向思维，联想思维（相关联想、相似联想、对比联想、因果联想），直觉思维。

2.2 设计概念

2.2.1 设计概念

概念就是反映对象特有属性的思维形式。人们通过实践，从对象的许多属性中，抽出特有属性概括而成。在概念的形成阶段，人的认识已从感性认识上升到理性认识。科学认识的成果，都是通过形成各种概念来总结概括的。

简单来说，概念就是一种认识观念，这种认识就是我们从事物中提炼、概括出来的概念或思想。它是以某种理念、思想，对设计项目在观念形态上进行概括、探索和总结而形成的，是一种为后续的设计活动正确深入的开展指引前进方向的一种高度概括的认识。

设计概念就是反映设计对象特有属性的思维形式，是设计师通过资料收集、市场调研、信息分析之后，对设计对象理性认识的高度概括。概念是理念的陈述，可以用语言表述。另外，一个概念可以催生多个设计，概念是设计的关键，就像剧本和电影的关系。同一个剧本，导演不同，电影不同。它不同于想出一个好点子或画一幅设计草图，而是设计师对设计对象提出的完整的设计思想。

2.2.2 概念的提取和获得

设计概念的获得方式是异常丰富的，可以来源于世界上存在或不存在的任何事物，大千世界、万事万物都可能是设计概念的来源。

其关键点是设计师要用自己的知识积累和认知能力对各种信息进行梳理、分析，充分了解它们的关联性，从中发现创意的闪光点（图2.9）。

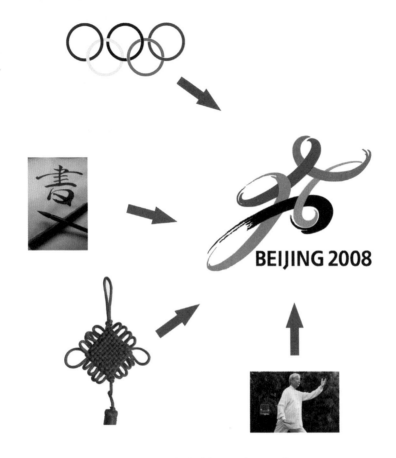

图2.9　北京申奥标志的概念形成图

概念的成形，一般要经过下面四个阶段。

（1）问题捕捉

问题捕捉也就是对问题的敏锐观察，特别是那些对于一些人来说也许并不是问题的问题——潜在问题。比如一个工具对于使用右手习惯的人群，包括设计师本身，都没有发现任何不便的地方，但是有没有考虑过对于左手习惯的用户，可能就会有很多不便，这个问题可以在用户观察中发现，也可以在行为思考中得到初步的注意。如图2.10，我们经常有对着垃圾桶发泄的情绪，该垃圾桶就将人的发泄情绪和垃圾的压缩相结合，找到了一个比较有趣的概念。

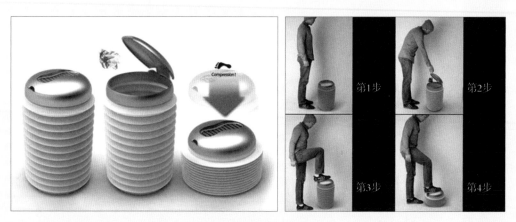

图2.10　垃圾桶的设计

（2）概念扩展

在很多时候，一个问题或概念会引申出很多相应或相对的信息，如何全面地覆盖可能涉及的内容，以及如何实现这些信息之间的交互关联，就需要一定概念扩展能力。这一能力可以通过一些科学方法论或思维培训得到提高，比如利用思维图。当然也可以将问题扩大化，如图2.11所示，关于穿针的问题，可以采用扩大针眼、变得好穿，甚至扩展到容易解开线等方面。

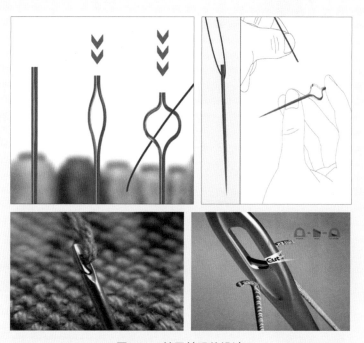

图2.11　关于针眼的设计

（3）数据分析

对于不断扩展的概念范围和信息，我们需要做相应整理和过滤，提取最终需要的数据。如图2.12，需要对鞋的展开和折叠面进行相应的计算；如图2.13组合桌的设计需要对组合的形式进行相关的计算。

图2.12　鞋的设计

图2.13　组合桌的设计

（4）概念描述

概念描述即文案表达能力，让别人更容易地理解你想传达的概念，除了图形的形式外，文字的描述一样很重要。在下面的例子里可以看到更多的工作内容描述。

如图2.14和图2.15所设计的加湿器，其绘制过程大致如下。

图2.14　加湿器设计

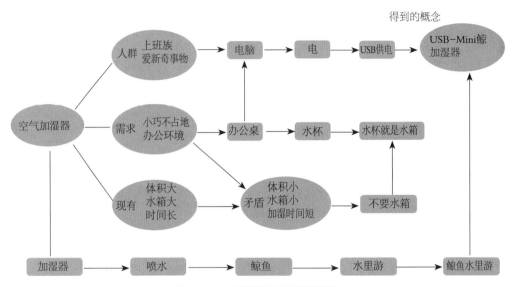

图2.15　加湿器概念的图形描述

问题主题确定："办公小巧加湿器"改进概念

任务目标描述：让加湿器更小巧、可爱

联想尽可能的交互操作：USB供电、水杯供水、鲸鱼游水

操作结果描述：USB-Mini鲸加湿器

2.2.3　设计概念的形成技巧

画概念图最好的方式是纸和笔，最大的好处是保留随意性，能够得以全身心投入发挥。概念的形成还应注意各要素之间组合、重新排列、改进等。同时还应对问题进行全面的分析，例如应对需求分析（找难点）——针对生活中的难点进行创造；也可从社会因素进行分析——流行、时尚；还可以从环境因素进行分析——物产、地理、气候、使用状态和环境；从文化进行分析——历史、演化因素、流派；从产品分析——同类产品分析、相关产品分析、用户调查。通过对这些方面的分析得到形成概念的相关信息。

常用的基本分析方法还有5W2H法。5W2H分析法又叫七何分析法，是二战中美国陆军兵器修理部首创。它简单、方便，易于理解、使用，富有启发意义，广泛用于企业管理和技术活动，对于决策性和执行性的活动也非常有帮助，同时有助于弥补考虑问题的疏漏。5W2H指的是分析以下几方面（图2.16）。

why——为什么？为什么要这么做？理由何在？原因是什么？造成这样的结果为什么？

what——是什么？目的是什么？做什么工作？

where——何处？在哪里做？从哪里入手？

when——何时？什么时间完成？什么时机最适宜？

who——谁？由谁来承担？谁来完成？谁负责？

how ——怎么做？如何提高效率？如何实施？方法怎样？

how much——多少？做到什么程度？数量如何？质量水平如何？费用产出如何？

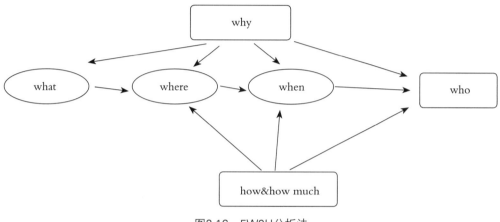

图2.16　5W2H分析法

概念的表达还应注意循序渐进，一般来讲要遵循从量变到质变、从整体到局部、从简单到复杂的过程。

2.2.4　思维导图与设计概念

在获得概念的过程中，有时会通过使用到思维导图来获取概念。思维导图主要是围绕一个中心主题来树形扩散可能联想到的信息，而概念图主要是描述各节点概念之间的关联和互动关系（图2.17）。

理论上，同一个产品的设计方案有无穷性，其设计的概念也具有无穷性，但正因为设计方案的可能性太多，往往让人无所适从。要想形成概念，除了要有丰富的素材或是足够的"意象"储备，也需要设计思维发散得比较宽广。如图2.17，理论上在发散的思维导图中，导图的内容越丰富，能碰撞出设计概念的可能性也越大。因此在进行思维发散的过程中，不管是当时感觉有用还是无用的词汇和想到的形象，最好都在导图中记录下来。可以理解为纸面就像一个装珠子的小盘，发散的词汇就像盘中的珠子，当盘中装的珠子较多后，轻轻一晃动，盘中的珠子产生碰撞的机会也就越大，概念的形成也就相对较容易。

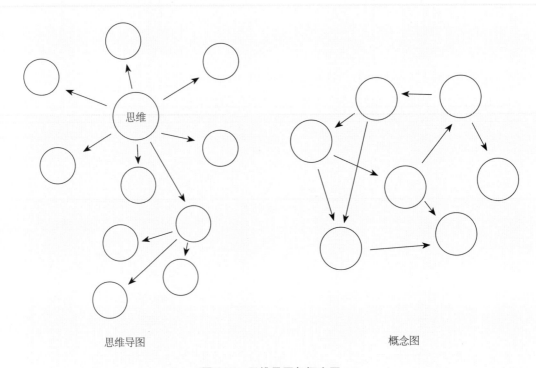

思维导图　　　　　　　　　　　概念图

图2.17　思维导图与概念图

2.3　概念草图及其绘制

2.3.1　概念草图与形态设计

　　"概念的形成开始于对形状的知觉中。"产品的概念产生，往往需要创造新技术、设计新产品或是建立新理论。但无论怎么做，一般来说都得构成该物的新形象。而产品的形态其实又是非常复杂的。前面我们谈过，一个意象概念或一个形体，从理论上来讲是无穷多的，但正由于是无穷多，在设计的过程中会显得无所适从。

　　那么，如何才能创造出好的形态呢？这个问题需要我们对形态有更多的认识。在自然界中存在的诸多形态都与功能、结构、材料、审美等因素密切相关。例如我们日常生活中的鸡蛋（图2.18），为什么要长成类似球体，而又一头大一头小呢？是因为生产时易排出体外，同时保证了在斜坡上不会呈直线滚动，只会原地打转。蛋壳厚度适中，从外破坏较难，能起到保护卵的作用，但又容易从内破坏，被幼雏轻易啄开，蛋壳的构造合乎力学要求，较为牢固，从体积上来看使用了最少的材料达到最大空间，同时形态与线条柔和优美，甚至完全符合格式塔关于形的美学要求，形态整体感很强，但又不是规则的图形，而是在规则简单图形的基础上略有一点变化。在优美的人造物上，也同样有与鸡蛋一样相似的特征。例如茶壶（图2.19），材料不渗水、易清洗、能保证茶叶长时间不变质。有入水的壶口、出水的壶嘴及相应的技术工艺要求，有滤茶功能，满足人只喝茶水剩下茶叶的需求，有便于操作的把手，方便倒水。壶盖进气孔符合物理倒水的要求，同时也可以用于检查壶的气密性，整体形态优美，简洁。图2.20中方便上楼的箱子和图2.21中不同功能的椅子形态与功能也都是完全统一的。

图2.18　鸡蛋的形态

图2.19　茶壶的形态

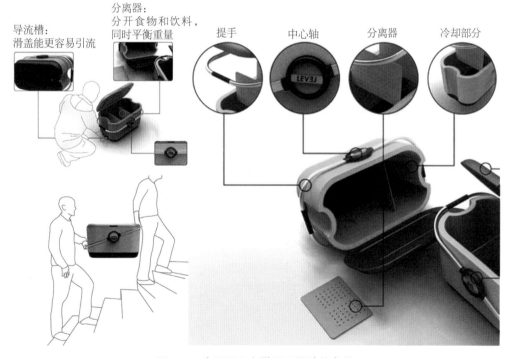

图2.20　为了两人上梯子而设计的产品

图2.21　不同形态的椅子，功能作用和使用环境有迥然的区别

　　产品的形态要满足各种功能的需要。作为设计来说，沙利文第一个提出了著名的"形式追随功能"的思想。包豪斯也延续了这一思想。造型都是为了功能而存在的，而要完成这些功能，需要材料、结构、机构来协调运作。因此，产品使用功能决定产品形态的基本构成，产品功能的增减带来产品形态的变化。细分下来就会涉及产品的造型要素，也就是功能、材料、结构、机构。因此一般来讲进行形态的创造也是围绕功能、材料、结构、机构来进行。

　　形态与功能看似简单，但其实非常复杂，例如玩具"鲁班锁"（图2.22），简单来看就榫卯结构，是"凹""凸"形的组合形式，但就这么六个小方块，却很难装回原样。由此可见，即使是最简单的形式，也可能演绎出非常复杂的功能或形式。例如古建筑中非常复杂的斗拱和传统家具上百种不同的榫卯结构（图2.23、图2.24）。

图2.22　鲁班锁

图2.23　斗拱结构　　　　图2.24　家具上的
　　　　　　　　　　　　　　　　榫卯结构

当然，形态除了要符合功能要求，创造的形态也一定要符合审美。关于形体的美学，格式塔心理学研究比较多。"格式塔心理学在谈到形时，确实非常强调它的整体性。""格式塔心理学所说的形，却是经由视觉活动组织成的经验中的整体。""那些在特定条件下视觉刺激物被组织得最好、最规则（对称、统一、和谐）和具有最人限度的简单明了的格式塔。"通过格式塔心理学的描述，我们可以知道"在大多数人的眼里，那种极为简单和规则的图形没有多大的意义，相反，那种稍微复杂点，稍微偏离一点和稍不对称的、无组织性的（排列上有点凌乱）图形，倒似乎有更大的刺激性和吸引力。"

2.3.2　概念形态草图的绘制

设计初始阶段的设计雏形，以线为主，多是思考性质的，一般较潦草，多为记录设计的灵光与原始意念的，不追求效果和绝对的准确。

一件产品的基本形态，从造型元素来讲，不外乎是由点、线、面、体、边、角等组成。符合格式塔的美学原理，一般是由基本形、基本形的延伸以及各种造型方法来形成。这些常见的造型方法有：加（组合、加装饰），减（切割、镂空），加减组合，弯曲，延长，折叠，凹凸，契合等，当然最终创造的形态还必须符合形式美法则，也就是对称、均衡、和谐、比例、统一、节奏与韵律等。总的说来，产品外在形态要能符合美学和功能要求。产品造型千万不能理解为外在形式的美化与装饰，而是产品内部结构与外在形式的和谐统一的有机结合。形态的发展就是在基本形的基础上，对线进行曲直变化，对角进行方圆变化；点线的组织有的是重复，有的是发射；当然仔细分析，其比例还严格遵循数理美（图2.25）。

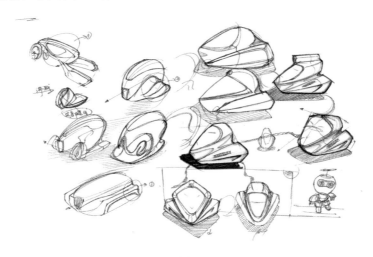

图2.25

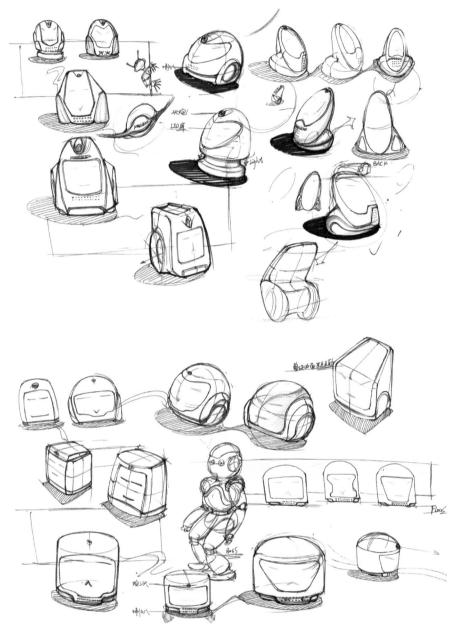

图2.25　对基本形延伸进行造型

　　工业设计的概念草图，重在形态的推敲，表达过程中要结合所学的构成知识进行推敲。初步推敲主要在元素和基本形两个方面进行。对元素主要是对"点、线、面、体、边、角"的具体形态和形式感进行推敲。对基本形主要是对基本形态的变化、以及基本

设计概念的表达

形的延伸进行推敲。充分运用不同的造型方法（加、减、加减组合、弯曲、延长、折叠、凹凸、契合等），诠释不同的形态的美学法则——对称、均衡、和谐、比例、统一、节奏与韵律。

总的来说，在概念草图的形态推敲过程中始终注意形态与功能的关系、形态与秩序（构成美）、形态与文化的关系。

2.4　形态绘制

2.4.1　线条与笔触

线条与笔触是表现图最基本的组成部分，线条本身具有很强的表现力。往往初学者开始作画时无从下手，不知道怎么画下第一笔线条，最容易出现的毛病就是容易琐碎，主次不够分明。草图就是通过线的疏密与虚实来表现的一种艺术。当然，布局也是很重要的。在这里，很多同学是已经眼到，但是手不到。这就需要长时间反复的练习，这个过程没有捷径可走，只能靠勤学苦练。

笔触，是变化了的线条表现。笔触虽然有一定的技术因素，但也传达了具有个性化特征的线条特点。通过不同的运笔反映不同的线条感觉，反映出轻重、虚实、刚柔、强弱、宽窄、曲直等多种变化和对比的笔触。

2.4.2　各种类型线条及其应用

（1）轻柔线条

轻柔线条边缘柔和、颜色轻浅，不同于颜色很深、轮廓分明的线条。当作品完成时，轻柔的线条成了物体的一部分，主要用于起形，和部分拿不准形体时画的参考和辅助的线条。

（2）机械线

机械线是指用尺规辅助的线条。主要是一些难画的部分，如圆、椭圆等，或是用于形体的轮廓。此类线条容易生硬，因此有部分设计师喜欢用界尺来辅助，以改善此类线条的生硬感。

（3）结构线（或截面线、等高线）

结构线轻而细，用于初步勾勒物体轮廓框架。常使用结构线来推敲画面的整体布局，便于修改。结构线还可以用做对形体的细节比例的辅助参考。

（4）强调线

强调线也叫轮廓线，用来强调物体的轮廓。由于强调线比较突出、随意，所以一般很少用在精细的作品中，但常用在产品平面、立面和剖面图中。

轮廓线常常会采用出头的形式，因此有时又被称为出头线。线条出头后，容易形成交点，能方便准确判断点的位置。另外，出头线可以使形体看上去更加方正、鲜明而完整。画出头线，比画刚好搭接的线来得容易而快捷，可以使绘图显得更加轻松而且看起来更专业。

（5）设计线

设计表现时用来表现高光效果的一种线条。具体表现是线条中有一小段中断，在中断的部分点上高光，另外设计线也有利于在画长线和曲线时自然过渡。

（6）色调线

色调线常与物体的轮廓线配合使用。一般轮廓线常用粗线，稍微重一点，用来控制内部填充调子的线条。而用来填充调子的线条一般细而轻，称为色调线。色调线一般有以下三种形式。

① 同角度短线：这种线可以使画面产生统一、流畅的效果。一般有45°直线或垂直线。

② 渐变线：由于光的反射，渐变存在于任何物体之上。虽然人的眼睛不会很快地感受到渐变的存在，但我们仍然需要在绘图中体现这种效果，来使画面更加真实（图2.26）。

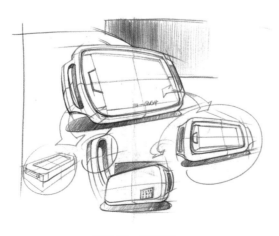

图2.26　渐变线

③ 越界线：当使用渐变效果时，有意让一些线条与物体的轮廓线交叉，这样既可以产生反光，又可以使画面产生柔和而随意的效果（图2.27）。

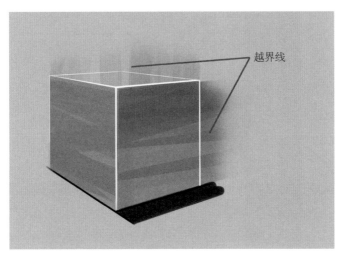

图2.27　越界线

除了要掌握好以上六类线条的应用，还应注意两个问题。一是绘制的线条也应具有立体感。当粗细两条线离得很近时会产生三维的效果，这样处理有助于提高画面的质量。一般线条的粗细可以采取背光粗、迎光细、底部粗、上部细等规律来表现。二是对于明暗交界线的线条，可以采用素描的方法，用铅笔的侧锋，反复涂抹绘制，形成明暗交界线（图2.28）。

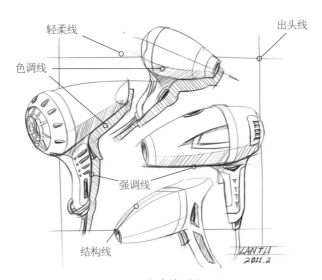

图2.28　各类线型的运用

2.4.3　线条的练习方法

绘制线条，首先要放松。压力越大，越不能绘制出轻松随意的线条，而且紧张会扼杀创造力，使绘制的线条不够自然。线有不同的厚度或力度，控制好厚度和力度，才能表达出空间感，再把线条连续组合，形状就形成了。

线条的练习应用签字笔、钢笔或圆珠笔，最好不要用铅笔，这样潜意识里就不会有修改的意图，对于树立信心有很大的帮助。另外，线条是一切画的基础，花时间练习线条有时候比临摹图更容易得到进步，尤其是当线条严重制约表现形体的时候。下面分别介绍直线和曲线的练习方法。

（1）直线的练习方法

线条是塑造草图的基础。直线是最基本、最简单的线条。直线虽然简单，但它是一切线条绘制起步的基础。掌握不好直线，后面的曲线基本无法掌握，因此直线的练习十分重要。

一般来说直线的练习主要有以下两步。

① 初步的练习主要是水平、垂直和各方向直线的练习。要求保证线与线之间的距离相等，起始点一致，同时线要直。初学时速度可以放得较慢，尽量画直，另外，直线的起止点或是直线间的交点是形态的关键部分，端点也决定着直线的方向，因此在绘制时，应时刻记挂着起始点的位置。这个阶段的练习，重点应放在线条的质量和方向的准确上。

② 深入一点的直线练习可以结合用到立方体中。这时练习的重点应主要放在透视和比例上。在透视和比例能掌握好的基础上可以绘制复杂一点的长方体。也就是在方体上加上一些起伏关系，如方形的凹槽或凸起；也可以自己随意绘一些直线组成的形体来练习手对直线的掌握能力。

（2）曲线的练习方法

一个产品想要在三维的空间内生动和漂亮是离不开优美的曲线的。曲线能绘制形态优美的产品，对于要表达的产品情感的传递和表现有着重要作用。因此曲线的表达十分重要。曲线的绘制有一定难度，需要进行更大量的练习才能掌握。

曲线中最为常见的是弧线。弧线的练习可以先从小弧度的线入手，初期可以先放慢速度，重点在于把握住弧线间的距离和弧度等，练熟了再加快速度。结束了一个方向的练习后，要试着各方向的练习。然后可以进行不同的弧度的弧线练习，从近于直线的弧线到近圆的弧线都要多练，再进一步可以随心所欲地勾一些弧线。

曲线中还比较常见的就是自由曲线和有机曲线，对于此类曲线，可以在平时多对一些有曲线的物品进行写生，加强对其的认识，也可以参照一些有复杂曲面的产品，画出其中的曲线，或用曲线搭建出产品的框架。

（3）圆的练习方法

圆是在手绘的基础中最难的，想一笔画出一个正圆需要很长时间的练习才能达到。

练习正圆的初期可以画一个正方形进行限制，绘制的时候速度可以适当加快，先将笔离开纸面，再以手臂带动笔按圆的轨迹旋转，当感觉轨迹接近正圆的时候，再落笔在纸面上。圆要流畅，绘制时的姿势和速度都十分重要，姿势应与写毛笔字一样，笔尖正对纸面，速度不能太快也不能太慢，太快控制不了轨迹，太慢容易生硬。

透视圆的练习（图2.29）与画正圆的方法一致，除了要求流畅、透视的方向正确外，还要又快又准。初练时可以先判断出透视圆所处的透视方形，在方形的基础上再绘制。在练习透视圆的过程中除了单独练习，还应结合同心透视圆练习，熟悉后可以随意地用各种大小和透视关系的圆去做练习，画出想画的图形或者是产品，在整个过程中巩固对画圆的把握能力。图2.30是常见的圆的练习方式。

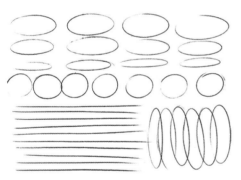 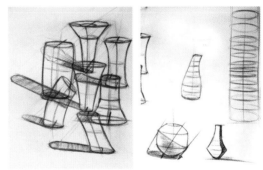

图2.29　直线和圆的练习　　　　　　图2.30　各种透视圆的练习

2.4.4　形体的体积认识

日常的产品，归纳其外形线条，主要是由曲线或直线组成，方形和圆形是最简单的曲直线条的代表。在起稿阶段，一般会将形体归纳到方体、圆柱、圆锥、圆球、圆环等的组合。因此，绘制出正确的方形和圆形的透视，尤为关键（图2.31）。

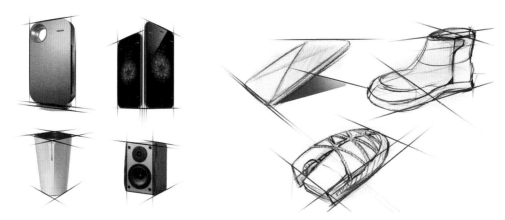

图2.31 大多数产品皆是方体、圆柱、圆锥、圆球、圆环等的组合

　　对绘图来说，任何形体都有其造型的规律，其复杂的轮廓其实是由组合成该形体的基本体组合而成，因此只要塑造出基本几何体的空间组合，连接其边缘，基本就可以绘制出形体的轮廓（图2.32）。

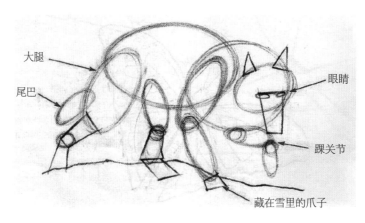

大腿

尾巴

眼睛

踝关节

藏在雪里的爪子

轮廓线显示后腿

鼻子

爪子

图2.32

图2.32　即使看起非常复杂的自然界形体也是方体、圆柱、圆锥、圆球、圆环等的组合

2.4.5　透视、光影与形体塑造

要进行设计的表达，绘制出精美的设计表现图，必须具备一定的绘画技能。

首先要建立绘画的整体观念。整体关系指的是画面全部内容的综合关系，即形式与内容的关系、局部细节与全局的关系以及各种绘画语言元素的对立统一关系等，只有正确把握整体观念才能为绘画学习奠定良好的基础。

其次要学会对边线和轮廓的表达。边线和轮廓是形体最基本的识别要素和特征，只有轮廓和边线清晰，形体才能够被识别，但边线和轮廓的轻重既不是一成不变，也不是一味的突出就好，而应与画面其它线条一起辩证地考虑，以显得自然和谐为好。

然后要学会阳形和阴形的表达。阳形是指凸出的形态，阴形是指凹入的形态，凹凸形实际就是形体的空间关系。只有正确表达出了形体和局部的凹凸特征，绘制的形态才能有正确的体积和视觉感受。

绘制的形态除了比例要正确，还应符合实际透视的特征。透视如果不准无法准确反映所设计的产品，透视的视角、消失点或是站点选择不合适，也会造成透视的失真。

应符合实际的光影、质感和色彩关系，做到这些才能真实客观地反映形体。

除此之外，还要考虑设计表现图的构图等技巧。这些都是绘制产品表现图最基本的知识。

2.4.6　视角与透视

各种美术形式都需讲究角度与透视。它是美学理论中一个重要的组成部分。绘画艺术一般都要求在二度空间的平面上表现三度空间的立体感，比如同样的物体近大远小等。透视规律在画面构图上的运用起着决定性的作用，透视变化是绘画构图变化的现实依据。

透视，是立体物象在平面上的中心投影或平面上的圆锥状投影。对于我们学习产品设计的人来说，在表达和传达设计意图时，需要运用透视图有效地解决产品的形态、比例、尺度及位置等诸多要素的问题，在二维的平面上较真实地画出具有三维立体图形的产品形态来。标准透视技法是一种条理性、科学性很强的画法，本书仅介绍一些实用的辅助画法（图2.33），如借助其主要透视原理，更准确地认识、研究、剖析形体。透视是通过固定人们的视点，连接视点与物体各点的线，把三维的立体形态或空间形态绘制在物体与视点之间的一个画面上，在二维空间中表达出三维立体形态的画法。这种画法可以给人以真实的空间感，符合人的视觉习惯。所以透视图的画法是产品形态绘制的基础。

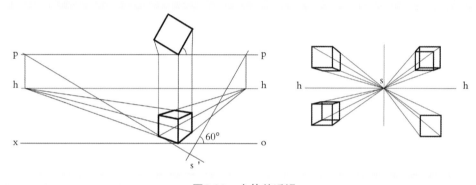

图2.33　方体的透视

（1）视角

不同的视角会产生不同的视觉效果，有时为了达到形体的最好的表现效果，也会选用一些特殊的视角，但相对来说比一般视角更难于把握，如鱼眼镜头效果、俯视、仰视等。

常见的有：一点透视、二点透视、三点透视。

（2）常见的透视

一点透视（平行透视）：物体的两个立面与画面平行，余下的两个立面与画面形成90°的直角。这样形成的灭点只有一个。一点透视表现的范围广，纵深感强，很容易绘制，适合表现物体的一个主要面（图2.34）。

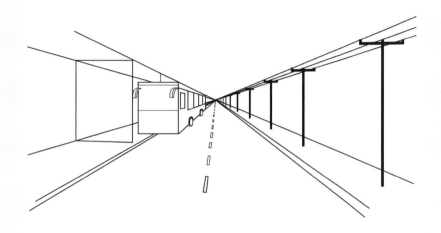

图2.34　一点透视（平行透视）

特征：

① 正对的形态不会发生透视的形变（整体比例，线条方向不变）。

② 消失点位于视平线上。

③ 垂直线始终垂直，正对的水平线始终水平。

④ 最多能看见三个朝向的面。

两点透视（成角透视）：物体与画面成角，两组的水平透视线分别消失于画面的两侧，形成两个灭点．其中45°、30°、60°透视是典型的两点透视。两点透视表现比较灵活，形态表现充分、肯定，是最为常用的视角（图2.35）。

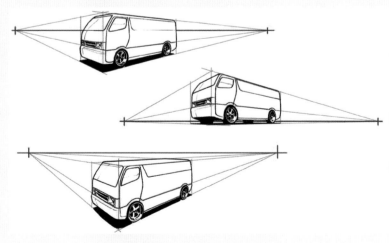

图2.35　两点透视（成角透视）

特征：

① 消失点位于视平线上，左右各一个。

② 垂直线始终垂直。

③ 最多能看见三个朝向的面。

三点透视（倾斜透视）：物体的任何一个面都与画面成角，除在画面的两侧形成的两个灭点，垂直于地面的那组平行线的透视线也产生一个消失点。一般表现为物体的仰视图和俯视图（图2.36）。

在一般的设计实践中除了有特殊要求，一般都采用透视图中的一点透视（平行透视）和两点透视（成角透视）来表现。

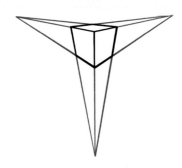

图2.36　三点透视（倾斜透视）

（3）透视的应用

常见的透视规律主要有近大远小、近粗远细、近疏远密、近宽远窄、近实远虚，这些规律都可以用来判断所绘制的形体是否透视有问题（图2.37）。

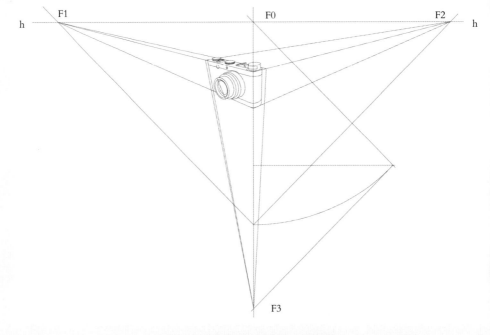

图2.37　利用透视绘制产品线描稿

在设计实践过程中我们一般把复杂的物体首先都归纳为简单的立方体，然后画出这个立方体的透视图，再进行细节的分割，画出物体各部分的形态。

在绘制透视图过程中，灭点、视平线的位置决定了透视图中表达的物体的大小，小型物体的视平线远离画面，同时灭点也要远离画面；中型物体的视平线设在画面上部，同时灭点也要靠近画面；大型物体的视平线设在画面的下部。同时灭点也要靠近画面或者就在画面中。

通过形体的透视分析，抓住形体的主要形态、结构特点进行透视变化。并在其结构面上直接绘制出细部，直至效果图的完成。

（4）常见形体的透视辅助画法绘制技巧

日常创造的大部分产品，归纳其外形线条，主要是由曲线或直线组成，方形和圆形是最简单的曲直线条的代表。在起稿阶段，一般会将形体归纳到方体、圆柱、圆锥、圆球、圆环等的组合。因此，绘制出正确的方形和圆形的透视，尤为关键。以下介绍了几种常见的方形和圆的透视规律。

① 利用对角线，可以找到透视矩形的中心，或是中线。

从学过的数学中，我们知道矩形的中心，就是对角线的交点。在透视中，这个规律同样适用，一个透视的矩形，其中心还是在对角线的交点上，其X、Y方向的中心线就在通过此点与灭点的延长线上（如图2.38、图2.39中红色的线条所示）。运用此方法，可以从设计表现图中，找出形体某个面的中心线或中点。运用此法，一方面可以作为结构线，另一方面可以用作辅助线，参考局部形体的比例、尺度关系。

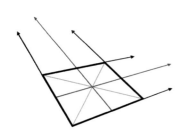 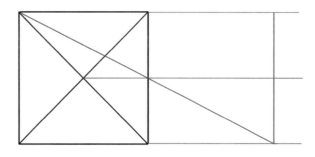

图2.38 透视方形的中心和中线　　图2.39 绘制连续未产生透视的方形的几何原理

② 利用矩形的中线，找出相同面积的透视矩形（图2.40）。

结合中心和中点的求法，可以通过图2.40的方法，找出相同面积的透视矩形。此方法可以用来保持形体正确的比例。

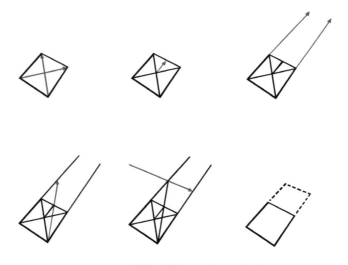

图2.40　绘制连续透视方形的方法

　　车体的比例经常是用车轮的大小作为参考，两轮间通常是3个轮的距离，也可采用此法，通过前轮，得出后轮的位置和大小（图2.41～图2.43）。

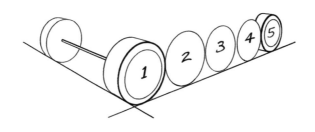

图2.41　汽车前后轮位置的确定

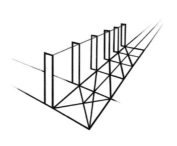

图2.42　寻找相同间距的形体

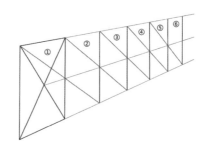

图2.43　在立面上寻找连续透视方形

③ 了解常见的透视判断与错误。

另外，在绘制方体的透视中，初学者经常犯一些错误，应时刻注意。

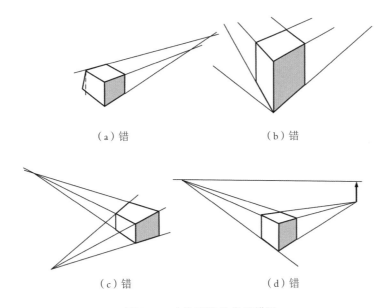

（a）错　　　　　　　　　　　　　（b）错

（c）错　　　　　　　　　　　　　（d）错

图2.44　方体透视的常见错误

图2.44（a）中的错误是违背了近大远小这一透视的基本规律。

图2.44（b）中是方体下角小于90°，造成整个透视扭曲。发生透视的扭曲，一是站点不要离物体太近，否则会产生严重的透视现象，会造成形体的扭曲变形；二是消失点不要离物体太近，否则也会产生严重的透视现象，造成形体的扭曲变形。

图2.44（c）中，正常的情况下消失点都应该在视平线上。

图2.44（d）中横向方向的线条，三条透视的线条应交于一点，竖向的线条始终保持垂直向下，不会交于一点。

当透视的圆在水平面上，顶部的透视圆，是一个椭圆，其主轴的方向始终是水平的，短轴方向始终是垂直的。

当透视的圆在垂直面上时，椭圆的长轴应垂直于圆柱的水平消失方向。椭圆的短轴则垂直于长轴方向（图2.45）。

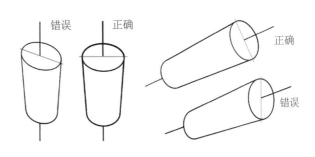

图2.45　透视圆的常见错误

（5）从透视到效果图

　　绘制准确的透视图是好的效果图的基础，从图2.46案例中可以看到从透视图到效果图的过程。

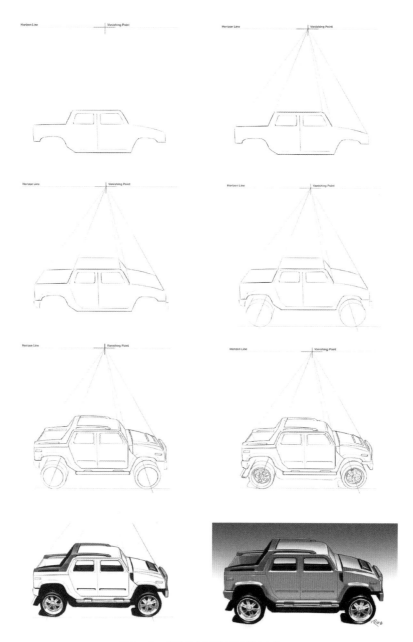

图2.46　从透视到效果图的过程

2.4.7 光与影

（1）明暗与分面

通常，在作图中把确定光照角度称为"分面"。即用深浅不同的色调来识别和确定物体的受光面和背光面。设计表现图"分面"一般有三种形式，亦即有三种不同的光照角度，分别是侧向光、逆光、正面光。

在光的照射下，物体呈现出不同的明暗层次。有受光部分的最亮面、次亮面和背光部分的暗面之分，即所谓的"三大面"（图2.47）。

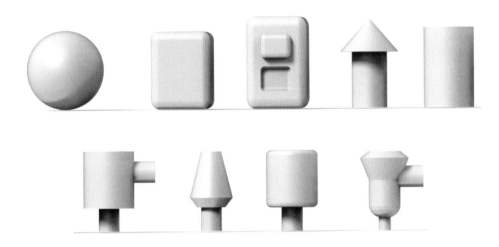

图2.47　基本几何形态的立面受光与背光的分面

亮面、次亮面，明暗交界线、暗面及反光构成了明暗变化的"五大调子"。

"五大调子"与物体的投影以及高光一起构成了物体明暗色调的基本层次。这些基本色调层次有助于我们分析和概括大体的明暗关系，但在实际运用时，还应具体地分析表现，描绘出更丰富、更有说服力的色调层次（图2.48）。

图2.48　基本几何形体的明暗关系

由于众多因素的影响，通常在自然状态下物体的光影与明暗变化十分复杂。要想精确地再现自然的真实，需要相当高的绘画技巧。因此，设计师应在了解和熟悉光影及明暗变化规律的基础上，引导出一些简便易行、概括提炼的表现法则来进行工作，满足作图要求。

（2）面的明暗表现

① 方体　每个面较平，且明暗变化较为简单，同一平面上的受光量均等，明度变化小，且分布均匀。表现方体类的块状物体需要掌握以下要领：

分面清晰明确，面与面的分界或边缘线比较清楚肯定。

同一平面上的明暗变化要均匀过渡。

深色调的面和浅色调的面的交界处，由于对比作用，深的显得更深、浅的更浅，应注意利用这种效果来表现面与面的转折和衔接。

适当强调水平面上的垂直光影和垂直面上的斜向光影，有利于平面的表现效果。

② 圆柱体　圆柱体表面的明暗变化最关键是要抓准5大调子的位置关系。

③ 球体　球体曲面可以被视为由无数个平面所构成，每个细小的平面相对于光源角度不同而形成曲面明暗层次的柔和丰富的变化，对于球体来讲，最关键的是要抓准明暗交界线。

④ 曲面　曲面的表现要领在于：

明暗过渡均匀而柔和，各色调间（包括亮部与暗部间的衔接）通常没有生硬而明确的界线。中间色调层次丰富。

曲面转折的半径越大，色调过渡越平缓、柔和；反之，半径越小，色调变化越趋于明显、强烈。这种特征从圆锥体上可以清楚地观察到。

在绘制产品草图时，往往五大调子不一定要绘制完，只要找准明暗分界线，区分开受光、背光和阴影就能体现出立体关系。由此也可总结出：明暗交界线、阴影在形体立体感的反映上尤为关键（图2.49）。

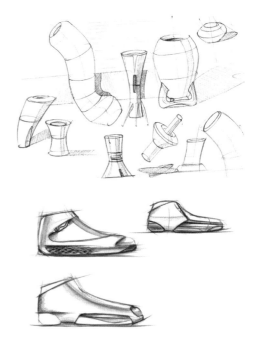

图2.49　区分受光、背光和阴影的草图表现

（3）退晕

在效果图中我们常用退晕来表现形体的体积、空间和质感。退晕在效果图中是一个很重要的概念，是指在同一平面（不论是亮面或是暗面），由浅入深或由深到浅的明暗渐变效果。这种明暗色调的均匀变化，是一种比较平缓的渐变。

退晕效果对表现物体的体积感、空间感和光感具有十分重要的作用。要想表达出好的光影效果，即使是平面也应适当进行退晕的处理，应对其进行亮与灰、浓与淡、虚与实、对比强与对比弱以及清晰与模糊的各种对比（图2.50）。

（4）阴影

阴影在光影表现中是一个十分重要的要素，但往往容易被初学者所忽略。正确的阴影能更充分地表现物体的形状和空间关系，表现出形体的立体感和空间感，同时能烘托气氛、增加作品的生动性。同时，对于整体画面的阴影处理得恰当，也能很好地解决一部分构图中的问题，相互联系、穿插的阴影能丰富画面的层次，使得画面的重心更突出、更完整（图 2 .51）。缺少阴影或阴影绘制错误，会破坏主要形体的立体感和空间感。因此阴影的正确绘制，在设计表现图中十分关键。

图2.50　大面积退晕（渐变）形成的光感

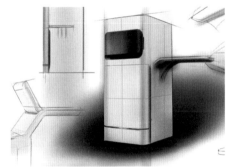

图2.51　灰色阴影增加了画面的层次

画面中的灰色块面，即加强了画面的层次，同时也使得视觉的重心集中到了类似阴影的几个灰色块面附近。

画面重心部分的阴影相互穿插与关联，使得画面的重心更加集中和突出，层次丰富（图2.52）。

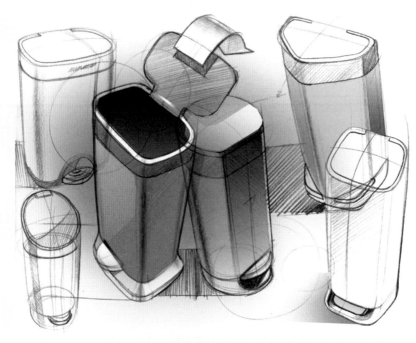

图2.52 阴影与重色带形成了视觉重心

一般的阴影，可以采取在平行光线的条件下进行绘制，其基本形体的阴影规律主要如下：

① 对于所有形体，阴影就是背光面的投影，也就是说，阴影是光线穿过明暗交界线落于投影面的连线的内部区域（图2.53、图2.54）。

② 对于球体而言，阴影是球体上明暗交界线投影区域，是一个椭圆。

③ 对于圆柱而言，阴影是圆柱素线的投影和圆面的透视，是平行四边形与椭圆的集合。

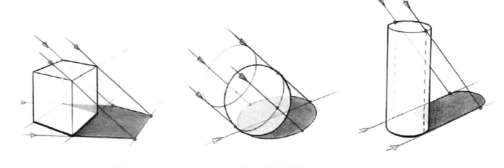

图2.53 平行光线下基本几何体的阴影

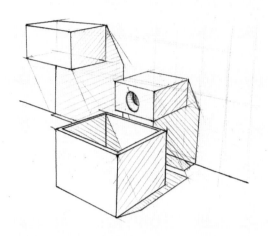

图2.54　阴影会随着承影面的空间关系变化

2.4.8　草图起稿的方法

　　水性笔笔触明显，不易修改，不能像铅笔一样先轻轻地勾画轮廓，所以用水性笔起稿时一般采用定点连线的方式来求得形体。将形体上的交接点先大致定下来，再用直线或弧线连接起来，或先画局部的线再定点（图2.55）。

　　一般有以下起稿方式：

　　① 以面为参照定点起稿。

　　② 以最难画的部分起稿。

　　③ 以搭建形体的体积关系起稿。

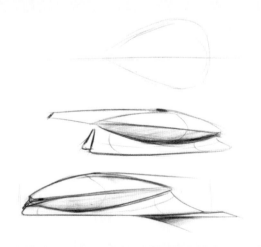

图2.55　起完形的线稿

2.4.9　草图的形体塑造

对于塑造产品，建议的是大家先对一些产品的图片进行临摹绘制，先在手上画出感觉，熟练以后再画自己的东西。

画草图其实就是在大的透视关系下和范围内进行面的比例分割和细节的勾画，所以大的透视和形体比例抓住了，草图要表现的产品的感觉就较准确了。如果是线条很好颜色很帅的图，但透视和比例不准确，也脱离了产品草图的意义。

透视的把握是所有步骤的基础，光用上色来弥补透视的不足，是经不起推敲的。

常规主要画图步骤如下。

（1）准备工作

主要包括裱纸、准备工具、制作遮挡板等工作。

（2）造型

主要包含以下内容。

① 选择视角，指选择观察事物的角度，它是决定构图的关键。观察角度不同，所画出的画面气氛也有差别。

② 绘制正确的透视图（手绘或尺规辅助按标准透视绘制）。

用铅笔、圆珠笔、签字笔、钢笔、马克笔等勾出产品的外形。起笔的位置，一是从决定整体透视的重要部分画起，二是从最难处理的部分画起。（要注意形体准确，特别是结构线要准确；细部的结构要清晰明朗；有的地方可以用尺规辅助。尤其要画好有弹性、光滑的线条。）

③ 透稿到正稿图纸。

（3）着色

① 着色前准备：确定基本的光影情况，用笔勾画出不同色块的位置，进行分面的处理，做好上色的准备工作，安排好着色的顺序，该遮挡的部分用胶带或遮挡液覆盖。

② 绘制大色：主要绘制出初步、大面积的色块或渐变，但特别要注意预留底色的地方，同时绘制出产品的基本质感。

③ 深入刻画：加深结构转折处，绘制高光、醒线、暗线、设计线、投影以及对缝等细节进行刻画。

（4）调整收拾画面

这一步骤是对画面进行整体调整，主要有以下几项工作。

① 调整画面的黑白对比度，主要以加强重色，修整高光为主。

② 修整线条，主要是对轮廓的线条进行修整，加强轮廓的光滑感和线型间的对比，强化其立体感。

③ 清洁画面，对画面进行收拾和打整，清理不需要的线条。

CHAPTER 3
产品的结构与
细节表达

要想表达清楚产品，必须对常见产品的结构有足够的认识。每一个产品都是通过相互关联的部件组装来完成的，从外部造型到内部结构都是为满足功能的需要而设计的。不同的产品由于它自身的特殊性需要不同的加工手段，如注塑、吹塑、吸塑、浇铸、钣金工艺等。这就要求我们在进行产品设计之前要与相关的工程技术人员进行工艺上的探讨，以获取设计的界限，用以处理相应的结构关系。

3.1　产品的结构表达

3.1.1　结构草图的类别

结构草图一般分为两类：一类是对局部结构关系的推敲图；一类是爆炸图（图3.1～图3.3）。爆炸图简单来说就是立体装配图，它既可用来检验设计的可实现性，同时也可使得后续的产品开发人员和客户对产品内部的结构一目了然。

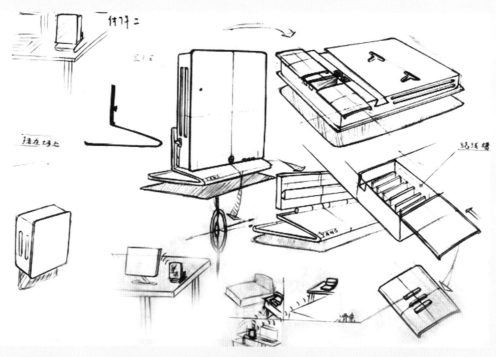

图3.1　结构草图

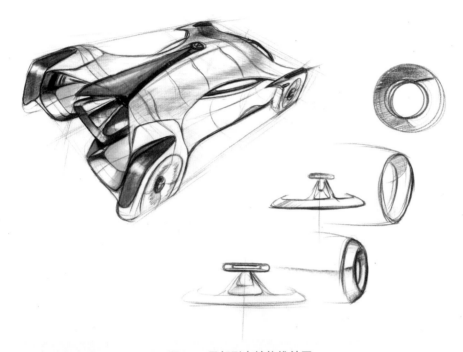

图3.2　局部形态结构推敲图

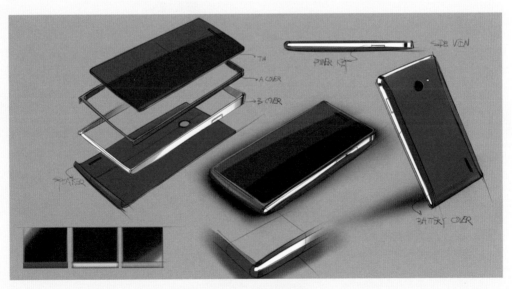

图3.3　结构爆炸图

3.1.2 结构的类型

产品造型的相关结构一般分为三类：连接结构、传动结构和装饰性结构。

连接结构问题是产品设计中一个重要的问题。构成产品的各个功能部件需要以各种方式连接固定在一起形成整体，以完成产品的设计功能。大多数满足外观造型设计的产品外壳，通常是由面壳、背壳和PCB（印刷电路板）等部件组成，使用螺钉或卡接连接一个整体。因此有必要对产品设计中连接结构问题进行探讨。

常用的机构有连杆机构、凸轮机构、齿轮机构、差动机构、间歇运动机构、直线运动机构、螺旋机构和方向机构等。

按照不同的分类标准，连接结构可以分为不同的形式。按照不同的连接原理，可以分为机械连接结构、粘接和焊接三种连接方式；按照结构的功能和部件的活动空间，可以分为动连接和静连接结构。

除此之外，还有一种结构称为装饰结构。一般装饰结构用在产品的装饰件中。装饰件在电子产品中起的作用是不可估量的，通常是代表一款电子产品的门面，甚至是卖点，也就是画龙点睛的作用。装饰结构还可以用以遮蔽部分不太好看的连接或传动结构，与形态相结合，配合语意使用也可传达其产品的操作方式（图3.4）。

图3.4 手机的镀铬装饰中键与标志

3.1.3 常见的注塑结构

由于生产和工艺的需要，产品还具有一些与生产、工艺和工程设计相关的结构。最为常见的为注塑件的结构，如壁厚、加强筋、支柱、柱子与孔、扣位（卡钩）、限位装置、分模线、雕刻件等（图3.5～图3.9）。

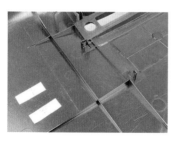

图3.5 显示器壳的加强筋

图3.6 柱子

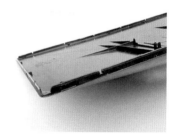

图3.7 分模线

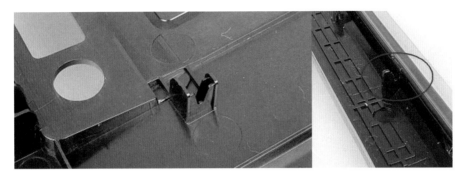

图3.8　限位装置

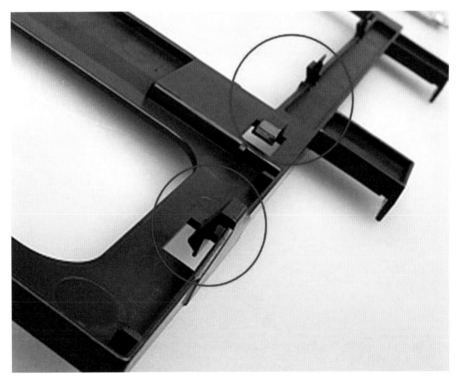

图3.9　卡钩

3.1.4　爆炸图的表达

在绘制爆炸图的过程中，由于零件众多，非常容易产生透视的错误，因此，尽量先采用辅助线确定爆炸的方向，爆炸的每个部件可以当作是方体上的一个切片（图3.10、图3.11）。一定要整体地去考虑零件的位置关系，切记不可能单纯地画准单独一个零件的透视，而应是有整体的透视关系。

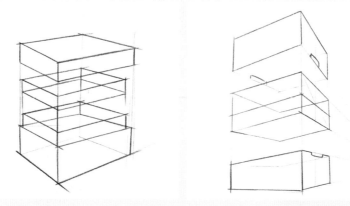

图3.10　爆炸的部件可以当作是方体上的切片，才不容易透视出错

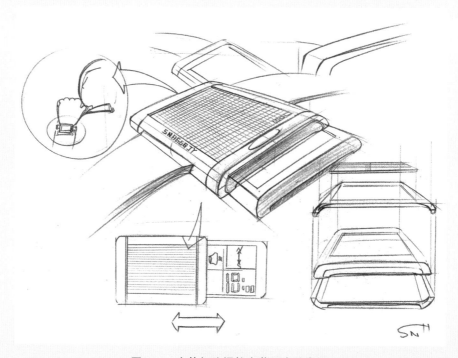

图3.11　方体切片爆炸在草图中的应用

　　要绘制好爆炸图除了掌握基本的绘制技巧，更重要的是要了解所设计的产品的基本内部结构。一般在绘制爆炸图前可以先绘制相应的零件图，以掌握要爆炸的具体零件以及这些零件的基本形态。

　　练习爆炸图可以经常对设备进行拆解，既了解各部分的连接结构，也可以作为爆炸图绘制的练习（图3.12～图3.15）。

图3.12　诺基亚N800手机拆解过程

图3.13　诺基亚N800手机零件

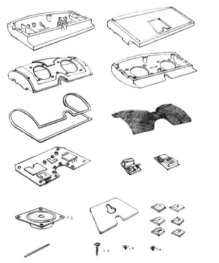

图3.14　音箱的零件图

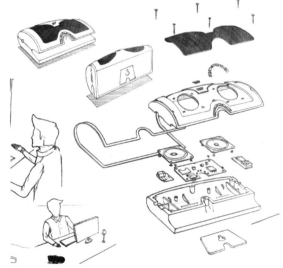

图3.15　音箱的爆炸图

3.2　设计表达中的细节

密斯·凡德罗说，"上帝存在于细部之中"。贝聿铭先生也说过，一个好的设计不仅要有好的构思，而且细节要到位。

功能决定细部，功能的需求导致了细部的产生，而美学的需求又会导致细部的进一步演变。

细节设计不是形态设计的本质，也不是最终目的，但它的存在使设计更合理，更有人情味，更美观，位于连接部位的细节设计使得产品与环境浑然一体。

对细节的理解并不是画得很细就叫做细节的表现。细节实质上是指设计的内容。如图3.16所有的细节都是由于功能、结构、材料以及生产需要而产生。

无论产品多么复杂，在分析和观察的时候，会发现它是由很多细节组成的。细节设计常常在产品设计中有画龙点睛的作用。

图3.16　产品上的细节都是因为连接或功能需要而产生

细节部分可以做语意设计或情感化设计，产品中如厂家名称、标志、小的提示符号等都可以作为细节处理。也可以在产品表面做一些纹理来丰富细节。

在实际设计中，细节往往最重要的是功能性和装饰性。

另外，细节也不是越多越好，价格合适、定位合理即可。同时，细节是产品的灵魂。同样都是手机，为什么有的功能和性能一点都不弱，但就是卖不上价格？同样都是MP3和MP4，苹果的ipod为什么高价而仍然受欢迎？

细节由很多部位组成，主要有以下几种。

（1）功能性连接部位：产品的功能需求之间相连接从而导致新的形态产生的部位。不同功能部分之间的拼接是造成连接关系的最根本的原因。

（2）结构性连接部位：是指在结构上起着一定连接作用的部位，如人体的关节、家具中的榫卯。

（3）形态性连接部位：是指产品中连接不同形态的部位，或者说是不同形态之间的过渡区。常见的过渡区有构件的穿插处、材料的交接处、色彩的过渡区、形状的变化处等这些部位，也是常产生细节的地方。

3.3　形态细节的表现

细节反映真实的手段，添加细节能逼真写实、增加精细程度。因此细节的表现在设计表现图中打动他人以及增加真实感十分重要。常见的设计表现图中的细节主要有：文字、标志、细小的凹凸、R角、高光、轮廓、工艺线（缝）等。

（1）文字、标志的表现

产品上的文字往往是以美术字和电脑字体为主，部分还有一定小的起伏，因此在表现产品上的文字时，为了真实，应规范化进行表现，不能随手书写。有立体感的，应根据其起伏的关系，通过受光与背光的小面，来表达出真实的立体感。

（2）凹凸的表现

凹凸的细节表现是效果图中表达物体表面的转折、起伏等形态特征和细部形象的重要方面。需要光源方向明确，正确地处理明暗关系。只要结合轮廓线和高光的运用，就不难有说服力地表现物体表面的凹凸感觉。

凹凸感与受光的方向有密切关系，因此，在几乎完全相同的内外轮廓中，由于明暗关系处理的不同，形成了完全相反的凹凸效果（图3.17）。

图3.17　手机话筒细节的凹凸表现

（3）倒角的表现处理

倒角是产品中的一个常见细节，倒角后的产品相对圆滑，具有亲切感。倒角的处理好坏直接影响着形态情感的传递和表达，同时也是形态由几何形过渡到有机形的重要手段。它对于产品的最终表现效果影响很大，处理得好，产品协调美观，处理得不好形态会不协调，甚至后期没办法进行绘制。

倒角其实就是对尖锐的角进行的圆化处理，分析产品的不同倒角，一般有两种情况：方体倒角和自由倒角。其形态一般是由球体的部分、圆柱的部分和圆环的部分组成（图3.18、图3.19）。

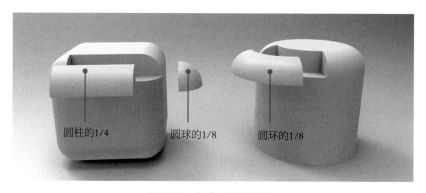

图3.18　各类倒角的拆分

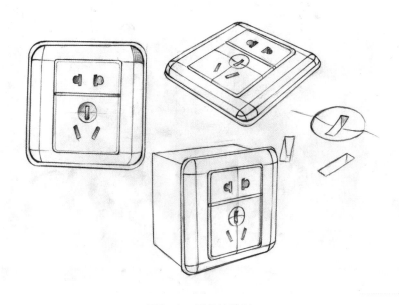

图3.19　倒角的绘制

（4）高光的处理

高光是物体表面受光最充足、反射最强、亮度最高的部位。高光常常表现为一个小点、一条细线或一个小的面。高光对表达物体的形体结构以及光感和质感十分重要，是效果图光影和明暗关系中一个不容忽视的因素。高光的绘制要注意整体关系及主次、轻重、虚实和强弱的变化，应避免平均对待，以免使画面显得零乱、破碎。高光在效果图中的处理，往往是在一条直线上，另外在许多效果图中高光一般采用修正液"点"出来。

高光表现的要领是：

① 面与平面交接处的高光成线状，细而挺，如果是圆角过渡，则与曲面的高光处理相同。

② 面的高光成带状，其宽窄依曲面半径大小而交化，半径大则稍宽，反之则窄。

③ 面的高光成点状或小块曲面。

④不同的表面材质和肌理，具有不同的高光表现特点。

（5）轮廓的处理

刻画轮廓线的方法要领是：

① 近处的粗而重，远处的细而轻。

② 暗部的轮廓线浓重、含蓄，亮部的轮廓线轻淡、清晰。

③ 硬材质的轮廓线应实而劲挺，软材质的则应虚而轻柔。

（6）其它细节

在效果图中，往往高光的处理还会运用设计线。设计线是效果图中在高光位置的一种专业线，一般是在线中高光位置断开，或是在此部分按照高光的形状勾勒出一定的形状，中间点上高光。

另外，产品中往往会有工艺线（也就是开模形成的缝），在效果图中，工艺线（缝）的处理，在效果图中往往概括成为"暗线+醒线"，缝的刻画一般的方法是：

① 采取预先留白，留白的范围稍大一点，再在留白的位置用签字笔或水粉画出暗线。

② 不留白，画完后用水粉刻画醒线和暗线。

③ 用色铅刻画出醒线和暗线。

CHAPTER 4

产品设计表达的展示

4.1 产品设计表达的构图与背景处理

"构图"是造型艺术的专有名词。在艺术设计中，设计师在有限的空间或平面内，对自己所要表现的形象进行组织，形成整个空间和平面的特定结构。

构图自古以来就被认为是艺术创作的一个因素，是构成绘画形式的组成部分。众所周知，设计艺术作品必须具备形式美，从而满足人们的审美需求。而构图正是从最基本的方面考虑作品的形式美。

在某些场合或者出于某种需要，完整的快速设计表现图同样可以参加正式的设计方案讨论和评审会。因此，为了获得良好的展示效果，作品的构图和布局是需要认真考虑。

4.1.1 常见构图的原理和方法

对于画面的构图来说，首先要考虑的是画面的平衡和稳定问题，作品的主体如果是单个形体，应该放在画面正中略偏上的位置，既不能太靠上，也不能太靠下，或是太靠左、靠右；其次主要考虑画面与所绘主体的比例尺度关系，这要求画面主体与图幅的尺度与比例应恰当。作品的主体如果是单个形体，形体又过大，则画面显得太满，形体如果过小，画面则显得太空。一般来说，仅绘制单个形体，形体与图幅的比例为2：3时比较合适。

如果是多个形体在画面中，则应对多个形体，对其每个形体的方向、大小、画面的中心和重心都应综合考虑，协调好画面的平衡稳定与比例尺度。

除此之外，在设计表现图中，为了画面的美观，还会特意对背景、背景框、图幅框、文字说明和符号进行一定的版式处理。

4.1.2 常见的构图形式

在产品的设计表达中，常用的构图形式主要有如下几种。

（1）多个形体并置分散或重叠组成（图4.1）

此类构成形式主要是在方案初期的拇指图、同类形态不同配色、展示使用过程以及三视图表现中应用较多。

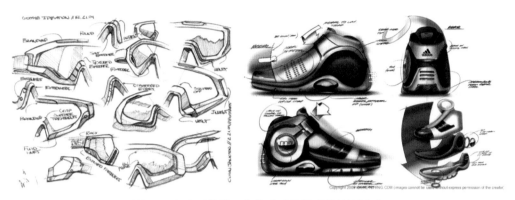

图4.1 多个形体并置分散或重叠组成的构图形式

（2）S形排列（图4.2）

此类构成形式的表现图具有较强的流动感，主要在对方案解释说明、展示使用过程中使用。

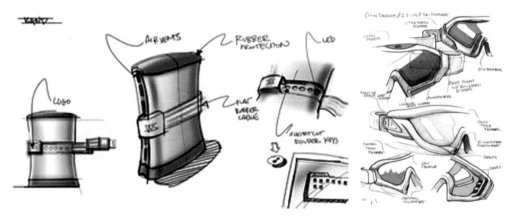

图4.2 S形横向和纵向排列构图形式

（3）围绕视觉中心或画面重心进行布置（图4.3）

此类构成形式的设计表现图最为常见，在方案的解释说明、局部功能解释或是部分素描中主要形体着色的表现中常用。一般画面的重心位置的图形较大，并常常结合有特殊的背景。

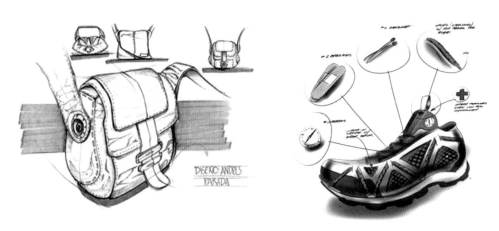

图4.3　围绕视觉中心或画面重心进行布置的构图形式

4.1.3　背景处理

　　背景主要有背景框、简略场景两种，背景框内一般是以渐变和空白的形式处理（图4.4）。

图4.4　运用背景框做背景处理

　　简略场景的常见处理有渐层（退晕、渐变），空白或单色，场景，其它等几种表达（图4.5）。

　　从设计表现图背景的功能来看主要是要介绍其产品和方案，因此常需要解释一个事情的发展，比如产品的使用过程或不同功能在不同环境中的使用情景。也有时对设计的观点进行解释说明，这有可能需要绘制出于此观点相关的元素。

图4.5 带有一定个性化的背景处理

4.2 产品设计表达的环境与色彩、质感表现

4.2.1 质感和色彩

快速表达上色的目的就是表现产品的外观颜色以及对材料质感的简单描绘，同时在绘画过程中理解不同材质的视觉特征。设计师要想构成一幅具有真实感的产品预想图，必须较真实地反映其材料的感觉，这样才能确切地表达设计目的及其特性表现出的情调气氛，也达到了设计表达的目的。

当然，要研究出一套表现材质特点的方法，设计师首先必须从自然界的物体中，选择出具有表面视觉特征及容易加以描写的东西，观察它们明暗关系的特点及其在光、影里产生的变化，观察其形状和质感的联系，以及表面的组织构成，总结出其中的规律，通过不断地细心比较观察，在实践中获得经验。

4.2.2 质感的分析和表现

要对质感进行分析，首先需了解影响质感的因素和表现要领。

1）形态　任何产品都可以拆分成圆、方、球的组合，最基本的形体就是方体、圆柱和圆球。形态的不同会产生不同的光影效果。

2）光滑度和反射　不同反光程度的形体，由于其光滑度不同，产生的反光形式也不一样。常见的反射规律如图4.6～图4.10所示。

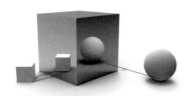 

图4.6 物体的反射在有透视的方向上要遵循透视的近大远小规律　图4.7 物体的反射在无透视的方向上要遵循等大的规律

图4.8　曲面的反射会随着形态的特征发生扭曲

图4.9　被反射的环境情况

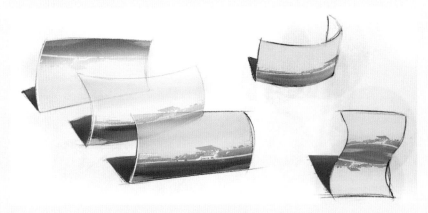

图4.10

垂直凸柱面

凹凸柱面

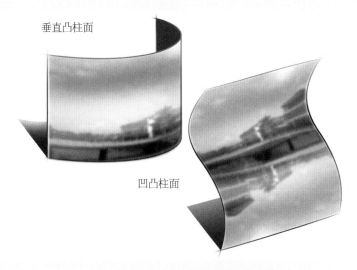

图4.10　不同曲面的反射效果

　　3）透明和折射　不同材质的透明度不同，其质感也不同；透明形体的折射不同，产生的光影效果也是不一样的。

　　4）表面肌理　物体的纹理不一样，物体的形态也就不同，也会造成产品光影和细节上的效果不一致。只有深刻反映了表面的肌理，才能有真实的材质感。

　　其次要了解常见质感的种类及其表现特性。

　　1）能透光而又反光的材料　玻璃以及透明的有机玻璃和聚苯乙烯塑料等，都属于能透光而又反光的主要材料。这类材料能使人的眼睛看到物体内在结构以及重叠在后面的物体形状。由于这些材料的表面光洁度高，透射和反射有可能同时存在于物体上。有些透明材料是带有一定的色倾向的，表现时要考虑其色相和纯度的分量，切忌画得过重，否则会减弱其透光的特性，在进行表现时要注意透明物体的这些特点。

　　2）不透光而反光的材料　塑料、皮革以及喷漆后的材料表面等，都属于不透光而反光的材料。这类材料在产品设计中用途较广，它的特点是：有一定的反光，色彩变化也较丰富。特别是有些塑料纯度很高，表现时要注意把握其程度上的差别。

　　3）不透光而强反光的材料　这类材料主要是镀铬或表面抛光处理的金属物、镜子等。这种材料对光的反射很强烈，反光特性非常明显，在不同的光源环境中，会产生不同的阴暗、反光变化，即使是在受光处也有极强烈的反光区，并且在体面转折处产生明亮的高光点或一道强烈的白光。这类材料除反光、高光对比强烈等特征外，还有工艺精细，质地细腻，一般表面比较光洁，阴暗过渡比较柔和，所以在表现时，笔触应整齐平行，宜用界尺来辅助，高光部可不画，留出白底，同时注意加重暗部的处理。一些表面

图4.11 金属材质的表现

有镀层的金属材料是无色彩倾向的，表现这类材料要注意（图4.11）。结合光源色和环境色一起处理，运用明暗两部分对比的方法，尽可能避免不要把颜色画"灰"了，合理地利用补色的对比关系使表现图生动、强烈，又有真实感。

4）不透光低反光的材料　如市场上大量运用亚光漆的产品（家具、家用电器等），还有木材、石材、织物等都属于这类不透光低反光的材料。这类材料既不透光，又没有光泽，明暗对比也低于强反光的材料。质感表现应着重在强调其纹路与质地的感觉上，光影明暗则不必刻意追求。

最后是常见材质的性格表现。

1）金属　金属特点是：明暗反差大，反光强烈，常有镜面反射因此色彩丰富。高光锋利、尖锐，块面明确。多数金属材料在加工后具有强反光的质感特点，而且质地坚硬，表面光洁度高，因此表面的明暗和光影变化反差极大，往往产生强烈的高光和暗影。同时，由于反光力强，对光源色和环境色极为敏感。一般金属有坚硬、沉重感。光滑的铝材有华丽、轻快感。金、银、铜则有厚重、高档感。

在表现强反光的金属质感，如不锈钢、镀铬件等时，应注意用明暗对比的手法表现其光影闪烁的特点。同时应注意对明暗层次加以概括和归纳，避免过花而产生零乱、不整体感。表现金属质感还要求用笔肯定而有力，即笔触明确，边缘清晰，干净利落，才能表现金属结实、坚硬的感觉。同时应根据物体表面的形体特点，采用不同的运笔方向，表现不同的体面之间的起伏和转折关系。

2）玻璃及透明塑料　玻璃及透明塑料的特点是：透明并伴有反光，黑白和色彩的变化柔和自然，可以反映出内部的结构和背景色彩。白色高光强烈，色彩丰富，高光锋利、尖锐，块面明确。如果是透明屏幕一般既具有反光，还具有投影，有一定的深度感和透明度。

表现透明体质感时，一般应先画内部结构或背景色彩，而后再以精确和肯定的笔触刻画高光和反光，以表现形体结构和轮廓。高光一般有两道，一般前一道明显后一道稍弱。顶部沿口部分一般明暗变化对比较大，绘制时可以先将其画重，再根据高光的位置对壁厚受光部分提亮。在实际作图中，常常采用底色法或高光法来表现透明物体，效果极好（图4.12）。

图4.12 底色高光法绘制的玻璃

3）塑料 塑料的特点是：有一定的反光，色彩变化也较丰富。特别是有些塑料纯度很高，表现时要注意把握其程度上的差别。这类材料在产品设计中用途较广，整体的量感一般偏轻盈。

表现时要考虑其固有色，一般明暗过度较为均匀、平缓；明暗交界线明确，但不明显；高光点与周围的对比较弱，但比较明确。但不同塑料的反射明显区别，有的强，有的弱，但总体比金属和玻璃反射弱。

4）木材 木材的特点是：有明显的肌理，如是漆过的木材有较明显的反光。一般具有朴素、真挚感。

木材质感的表现主要在木纹的描绘上，画法是首先找出清晰的纹理变化痕迹，先平涂木材色，再用黑褐色徒手画出木纹线，便可很快地表现出木质材料的真实感。

这些材质性格并不是固定不变的，还要靠我们在实际应用中不断总结，善于运用材质的性格，为塑造优质产品打下基础。

4.2.3 色彩

色彩在设计上被分为有彩色和无彩色。色彩的三大要素是：色相、明度、纯度（也就是饱和度）。

（1）产品的色彩性格

色彩往往也是产品的第一印象。产品设计中的色彩不是孤立的，但也有其独特性。在不同的材质下运用相同的色彩效果是不同的，在不同的环境下使用的色彩也是不同的，给不同消费者使用的产品所采用的色彩也是不同的，不同性质的产品也需要有不同的色彩。而在企业中还要考虑企业的标识性和企业的形象色彩等。常见色相在产品中主要有以下性格。

① 红色的色彩性格　由于红色容易引起注意，所以在各种设计实践中也被广泛利用。除了具有较佳的明示效果之外，更被用来传达有活力、积极、热诚、温暖、前进等含义的企业形象与精神。另外，红色也常用来作为警告、危险、禁止、防火等标示用色。人们在一些场合或物品上看到红色标示时，常不必仔细看内容，就能了解警告危险之意。

② 橙色的色彩性格　橙色明示度高，在工业安全用色中橙色即是警戒色，如火车头、登山服装、背包、救生衣等用色。由于橙色非常明亮刺眼，有时会使人有低俗的意象，这种状况尤其容易发生在服饰的运用上。所以在运用橙色时，要注意选择搭配的色彩和表现方式，才能把橙色明亮活泼、具有口感的特性发挥出来。

③ 黄色的色彩性格　黄色明度非常高，在工业安全用色中用作警告与危险色，常用来警告危险或提醒注意。如交通信号灯中的黄灯、工程用的大型机器、学生用雨衣及雨鞋等。

④ 绿色的色彩性格　在产品设计中，绿色所传达的是清爽、理想、希望、生长的意象，很符合服务业、卫生保健业的要求。在工厂中，为了避免操作时眼睛疲劳，许多工作的机械也采用绿色。一般的医疗机构场所也常采用绿色来做空间色彩规划及标示医疗用品。

⑤ 蓝色的色彩性格　由于蓝色沉稳的特性，它具有理智、准确的意象。在商业设计中，要强调科技、效率的商品或企业形象，大多选用蓝色当标准色及企业色。如电脑、汽车、复印机、摄影器材等。另外蓝色也代表忧郁，这是受了西方文化的影响，这个意象也运用在文学作品或感性需求的商业设计中。

⑥ 紫色的色彩性格　由于具有强烈的女性化性格，在产品设计用色中，紫色也受到相当的限制。除了和女性有关的商品或企业形象之外，其它类的设计不常采用紫色为主色。

⑦ 褐色的色彩性格　在产品设计上，褐色通常用来表现原始材料的质感，如麻、木材、竹片、软木等，或用来传达某些饮品原料的色泽与味感，如咖啡、茶、麦类等，或强调格调古典优雅的企业或商品形象。

⑧ 白色的色彩性格　在产品设计中，白色具有高级、科技的意象。在使用白色时，都会掺一些其它的色彩，如象牙白、米白、乳白、苹果白等。在生活用品上，白色是永远流行的主要色，可以和任何颜色作搭配。

⑨ 黑色的色彩性格　在产品设计中，黑色具有高贵、稳重、科技的意象，是许多

科技产品的用色，如电视机、跑车、摄影机、音响、仪器的色彩，大多采用黑色。

⑩ 灰色的色彩性格　在产品设计中，灰色具有柔和、高雅的意象，而且属于中间性格，男女皆能接受，所以灰色也是永远流行的主要颜色。在许多的高科技产品中，尤其是和金属材料有关的产品，几乎都采用灰色来传达高级、科技的形象。

（2）设计表现图用色的特点

在设计表现里，一定要体现产品的色彩关系，这是画好效果表现图的前提。同时，色彩的冷暖变化也是相当的重要。尤其是在效果图中为了强调视觉的冲击力度，补色的应用相当的广泛。

4.3　设计展示

4.3.1　展示的策略

设计师根据设计方案，虚拟假定一个故事或一个场景，通过对产品的需要，或是产品所要解决的问题，来展示产品的适用环境、使用过程和效果。常常使用漫画、连环画、故事板结合图标、文字来表现。此类展示方法，一定要注意是围绕用户、产品和使用来设计，切不可为了展示而忽略用户的需求和产品的诉求，以至喧宾夺主（表4-1）。

表4-1　表达策略的方法

表达方法	策略	手段	具体方法
说明性表达	解释、说明	时间、空间、逻辑	结构条理性（原因→结果、一般→特殊、总→分、主→次），方式解说性，功能实用性，语言通俗性， 线性（外→内、以前→目前）
记叙性表达	描述、形象	形、色、质	方案形象描述，语义转换描述，操作状态描述，创意目的描述； 色彩计划描述； 材质选择关系描述
议论性表达	观点、态度	例证、类比、对比	需求定位、功能定位；心理、行为特征、设计概念、形式方式 观点→案例→观点 评价体系

表达方法	策略	手段	具体方法
描写性表达	描绘、刻画	白描、细描	风格简述、核心概念阐述；重点描写、细节描写
抒情性表达	润色、渲染、感染	借文抒情、借图抒情、借物抒情	概念陈述，特征所明，细节说明

4.3.2　产品草图中手的绘制与表达

在产品设计中，手经常在展示使用过程或状态以及使用环境中出现。人手的结构复杂，有丰富的变化形式，表现难度较大，俗话说"画人难画手"。但一般来说，在产品展示环境中，是以产品为主，手为次，因此表现可以相对较为简单或概念化。掌握的关键是要明了手的结构和不同手形的各部分体积关系。

手的掌面与背面结构差异很大，手指的运动主要是向手掌内弯曲。手的掌面有三个部分：大鱼际、小鱼际和掌丘，三个部分之间是掌心。对手指表现时，要注意它是一个圆柱体，上面的结构和纹理变化都要符合圆柱体的透视规律。因此，手的基本体积关系是由手掌（简单可以理解为一个大的扁圆柱）和手指（5个圆柱体）组成，手掌的体积可以看为大鱼际、小鱼际、掌丘三个椭圆体的组合（图4.13）。

图4.13　手的绘制与大鱼际、小鱼际、掌丘示意图

4.3.3　产品草图中人的绘制与表达

人物经常在展示使用过程或状态以及使用环境中出现。产品中的人同样也不能喧宾夺主，因此也刻画较为简单，主要表现出人物的轮廓和基本体积感即可。在产品的展示中，人物的绘制，一定要注意基本的比例关系、形态特征、运动与体块关系以及重心关系。

（1）人体比例

一般亚洲人常用7.5个头高，西方人常用8个头高作为身高比例。一般立姿为8个头高，坐（跪）姿为6个头高，蹲姿为4个头高。从脚部向上算起，男性人体中点在耻骨位置，女性略高；男性乳头几乎在第6个头高，女性略低；男女膝关节均在第二个头高略上，男性略高；男性第五个头高几乎是腰部最窄的截面，女性略高；男女腹脐均在第五个头之下，女性略高；男性左右肩峰的连线（即肩宽），为两个头高，女性略窄于两个头高；大臂约等于1.5个头长；小臂约等于1.1个头长。双手伸开约等于全身高度（图4.14）。

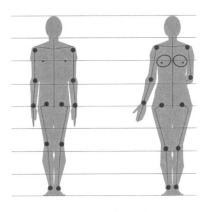

图4.14　人体比例图

希腊时期认为，理想化的女性人体美，头顶至脐孔和脐孔至足底的比例恰为黄金比例。

（2）人体形态节奏特征

人体为了克服重力，形成了自身的结构，在人外部形态中，出现了许多Z字形。

① 当人体直立时，从正面看，男性肩最宽，腰窄，骨盆又略宽，膝关节又收窄，小腿上部又略宽。这样将它们的侧边缘线连接起来，就形成了这样连续重叠的Z字形（图4.15）。

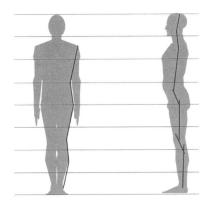

图4.15　人身上的Z字线

② 从侧面看，人体的头骨向后倾斜，颈向前倾斜，胸腔向后倾斜，骨盆又向前倾斜，大腿向后倾斜，膝关节向前倾斜，小腿再向后倾斜，这样这些体块的轴心线又形成连续的Z字形连线。

③ 为了克服重力，Z字形在人体体块的横断面上也有许多显现。人体直立时，从侧面看，头颅部分的横断面前高后低，颈部和胸腔上沿的横断面前低后高，胸腔下沿的横断面前高后低，盆腔上沿的横断面前低后高，大腿上沿的横断面前高后低、膝关节的横断面前低后高，踝关节的横断面前高后低，这样就形成了不连贯的Z字形（图4.16）。

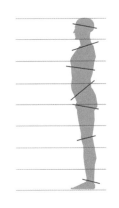

图4.16　侧立人体的横断面线

（4）运动与体块

人体的体块可分为两类：一类是自身对称的体块——头部、胸腔、盆腔；另一类是自身非对称体块，它们都有一对大臂、小臂、手掌、大腿、小腿、脚部。

在表现人体中那些自身对称的体块在各种不同的运动时，最重要的是要牢牢建立起中线的意识，找到透视中的对称关系，把握结构要点的位置变化。

大多数人体体块自身运动幅度很小，它们各段横断面的造型变化不大，因此掌握横断面的形状、朝向、叠压关系、透视关系，也是表现体块运动的要点之一。

人体体块间的连接结构主要有，四肢关节结构、颈部、腰部脊椎结构。关节结构又分为单向运动关节（肘关节、膝关节）和多向运动关节（肩关节、腕关节、盆骨与骨关节、踝关节、颈部、腰部）。

无论是单向运动关节，还是多项运动关节，它们的运动角度都有各自的限制。违反了这个限制规律，表现人体时，就会感到不舒服。

胸腔、盆腔之间，向后运动夹角不能超过30°～40°；扭转不超过40°～50°。

手腕，左右平行扭动时，向拇指一侧一般10°左右，向小指一侧35°左右，向前90°左右，向后35°～45°左右。

（5）重心

人体站立重心分两种：无外力情况，有外力情况。

无外力情况下，重心可以以锁骨窝为标准；在双脚吃重情况下，重心一般在两脚之间，或略偏向多吃重的脚一边；在基本单脚吃重情况下，锁骨窝的垂直线会落在吃重脚的内脚踝骨。

有外力情况下，根据外力的方向、大小来观察重心的位置，一般以胸腔的中心或者盆腔的中心（靠近耻骨处为重心）来左右比较（图4.17）。

图4.17　人体重心

（6）头部

在产品展示中，由于产品为主要展示部分，因此一般在产品展示中出现的人体不进行具体的五官刻画，一般只以结构线形式标示出基本的体积感，或是将头部和头发进行区分。

4.3.4　设计说明的撰写

设计说明是产品设计中不可缺少的部分。主要从以下几个方面来书写。

（1）撰写内容

设计说明最主要是解释清楚两个方面。一是产品的定位，所面向的消费群体，以及此类消费群对产品的需求情况和设计该产品标准的内涵，或是构思来源。二是该产品的情况介绍，即创意的内容和含义、视觉风格定位、产品的品位研究、时尚观点、功能、材质、色彩、结构等。

（2）绘图中的文字说明与符号

文字说明和符号应作为构成元素进行考虑。强调其视觉的构成感，文字应尽量强调块面感和规整感，各类符号尤其应注重点、线的大小、曲直、粗细和方向的对比（图4.18）。

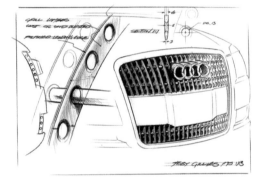

图4.18　文字说明与辅助说明符号

4.4　程序化的材质表现

（1）一般物品

可以程序化表现为：底色+亮部+灰面+暗部+投影+高光（图4.19）。

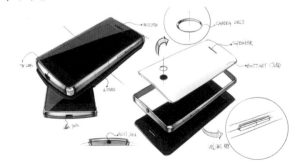

图4.19　一般方体的程序化表现

（2）镀铬圆柱

程序化可以概括为：透视圆柱+圆弧面+暗部+地平线投影+层次化的蓝天投影+高光+高光点+投影（图4.20、图4.21）。

图4.20　镀铬圆柱的程序化表现　　　　图4.21　圆柱反射天光和地面的示意图

（3）金属圆柱

程序化表现可以为：重色+渐变（范围很小、色差很大）+亮部+渐变（范围很小、色差很大）+重色+渐变（范围很小、色差很大）+亮部（比左边亮部略暗）+渐变（范围很小、色差很大）+重色+反光（变形反射周围形体）（图4.22）。

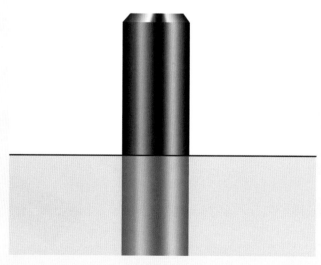

图4.22　金属圆柱的程序化表现

（4）木材

程序化可以概括为：底色+写意木纹描绘（彩色铅笔等）（图4.23）。

图4.23　漆面木材质的程序化表现

CHAPTER 5

设计表达的技法

随着设计方案的不断深入和完善，为了使产品设计的每个细节都明确无误地完成，不仅要详细、准确、扎实地描绘产品的外观形态所包含的形状、色彩、材料、质感、表面处理以及工艺和结构关系，还要将有些看不到的主要结构部分利用透明法、三视图等表现出来，并配有适当的说明，如尺寸、比例关系以及生产工艺手段、材料选用等方面的技术内容，以便工程技术人员掌握必要的数据，为使用者提供详细、可信的未来产品的可视形态（图5.1）。

画出物体固有色，注意反射部分形状

水粉或修正液处理高光，高光要饱满，边缘光滑

受光部分留白

大面积固有色按：受光+固有色+地面反射形状+反射进行总体渐变

反射天光（天蓝色）

反射地平线形状和色彩（重色）

反射地面色彩（黄褐色、土褐色）

细节刻画根据受背光依照体积关系绘制

重色绘制阴影，适当留底透气

画出受光和背光体现结构的棱面线（醒线）

图5.1　效果图技法的重点和关键点分析

5.1　马克笔技法

5.1.1　马克笔

马克笔（英语mark的音译）又叫记号笔。马克笔是近年来才从外国引进的新型绘图工具。马克笔具有重量轻、携带方便、绘制的线条色泽透明、色块均匀、且画在纸上没有变色的缺陷等优点，因此一问世．就受到了画家和设计师们的青睐。

马克笔的笔头用毡制成。呈方和圆锥两种形状，前者表现为线，后者为面。有些品牌的记号笔两头有盖，一头为方头，另一头为圆头，大大便利了使用者。马克笔既可以用来辅底色又可以用来刻画物体，既可以用来画草图，又可以用来画精细效果图，是一种很理想的绘图工具。

马克笔有纯灰色、彩色、彩灰色三个色彩系列。马克笔是快速表现常用的绘图工具，具有着色简便、笔触叠加后色彩变化丰富的特点。马克笔的颜色有上百种，各种色调从浅到深，从灰到纯，使用非常方便。一般情况下，使用率较高的为纯灰色和彩灰色系列，画淡彩速写只要准备其中一些常用色即可。其另一特点是在纸张的选用上比较随意。不同的纸张在着色后会产生各种不同的效果，如马克笔的专用纸、硫酸纸、白卡纸及水彩纸等。马克笔色彩响亮且稳定，具有一定的透明性，但其色挥发性和渗透性极强，因此不宜用吸水性过强的纸作画，而要用纸质结实、表面光洁的纸张作画。

马克笔分油性、水性两种，具有快干、不需用水调和便于着色、干燥极快、不会褪色和变色等特点。其绘制速度快、画面风格豪放，其表现技法类似于草图和速写的画法。马克笔色彩透明，主要通过各种线条的色彩叠加取得更加丰富的色彩变化。马克笔绘出的色彩不易修改，着色过程中需注意粉色的顺序，一般先浅后深，便于控制色调层次。同种色彩如重复涂施，可降低其明度。如需丰富色彩层次，注意不宜重复次数太多，以免色彩灰暗及发生浸晕浑浊现象。

另外，可在马克笔表现效果上用彩色铅笔进一步丰富表现对象层次，如反光效果和色调的退晕变化等。马克笔的笔头是毡制的，具有独特的笔触效果，绘图时要尽量利用笔触特点。马克笔在吸水和不吸水的纸上会产生不同的效果，不吸水的光面纸色彩相互渗透、五彩斑斓，吸水的毛面纸色彩浸渗沉稳发乌，可根据不同需要选用。

5.1.2　马克笔的技巧

在用马克笔画效果图时，下笔要果断、肯定、迅速，作画的过程和色粉一样，由浅入深，一层层的加深，高光部分一般是留白或画完后用水粉提亮，也可以用修改液。在画效果图之前，一样要做好准备工作。与其它绘画技法一样，先用铅笔很轻地分好色块，做到胸中有数再下笔。用笔流畅，轻重有别，看似随意但笔笔依形而去，不拘泥，不多余。

马克笔的色彩很薄，极透明。画在纸面上干得很快，并可以重复上色。马克笔的颜色相当稳定，画在纸面上不变色，这是优于水性材料的地方。用马克笔作画，请注意色彩的搭配，往往需要准备一个色彩系列，才能完成一张彩色的表现图（图5.2、图5.3）。

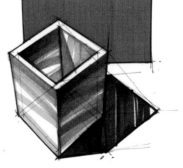

图5.2　马克笔绘制的方体

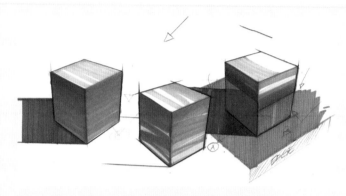

图5.3　马克笔绘制不同材质的方体

（1）马克笔的握笔和用笔

马克笔的握笔主要采取下面两种方法，一种是横握笔，一种为竖握笔（图5.4、5.5）。其基本着色的笔法主要有排笔、渐变和平涂三种。排笔即一笔接着一笔紧密排列，主要用于绘制同种色的渐变。渐变又叫退晕（也叫渐层），是在排笔的基础上，通过更换不同深浅的马克笔形成渐变。渐变也可以通过单一或多个颜色，采用留白（留底色）并结合改变笔触方向，变化线条间的距离和粗细等方法来进行。渐变主要用于表现曲面的过渡或是同一个面上的色彩变化。而平涂较为简单，即将所绘制的区域平涂填满。

握笔一

握笔二

图5.4　马克笔的握笔方法　　　图5.5　横握笔排笔与竖握笔排笔

（2）马克笔的表现方法与要求

① 先用勾线笔（圆珠笔、铅笔等）勾勒出产品的形态结构，注意各细节的精确性。

② 选择适当的颜色表现，要注意行笔干脆流畅，一气呵成。

③ 同一种颜色的笔，重复画几笔，颜色便会变深，但也不要重复太多。一是反复涂抹会使钢笔（或签字笔）浸墨弄脏画面；二是会降底色彩的艳丽和透明度，使画面不能达到理想的效果。

5.1.3 马克笔的表现形式

马克笔的表现在产品表现中尤其普遍，从以下几方面来分析马克笔的表现形式。

（1）单线形式

单线形式是设计速写中运用最为普遍的一种，使用的工具也很简单，主要用来表现产品的基本特征，如形体的轮廓、转折、虚实、比例及质感等这一切通过控制线条的粗细、浓淡、疏密、曲直来完成，以达到需要表现的效果。用这种方式还可以通过市场大量收集图片资料，加深对现有日常用品的记忆。不过作图时需要线形的统一和连贯性，避免产生感觉上的随意性。

依靠单线勾描的方式可以表现物体的形象。设计者控制线条粗细、浓淡、虚实、刚柔，用以表达物体的轮廓、体量、主次、前后、凹凸等等关系，这种方式的线条清晰、简明扼要，为一切表现形式的基础。

单线形式又叫白描，也具有强烈的设计表达效果，即用笔勾出物体的轮廓线。可以在整幅画中使用统一的线条，也可以用粗细变化的线条，来加强虚实关系的对比。

用单线表现设计构思应该是最简洁最迅速的方法。在用单线表现时，随时捕捉构想的闪现，下笔流畅，不拘泥、不犹豫。此时不需要太注重形的准确性，只要感觉对了就行。

用线流畅实际反映的是思维流畅，不要有太多杂念，不要追求过多细节，眼到、心到、手到。表意而不拘泥于形，意思表达清楚便可迅速收笔去捕捉新的想法。

（2）线与面结合形式

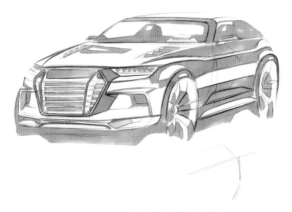

图5.6 线面结合马克笔草图

利用线面结合来完成作画方法也很普遍（图5.6）。用线方法与单线形式基本相同，只是需要增加相同笔头的宽头笔。用这种方法，要考虑哪些地方用面来表现，如形体的转折、暗部、阴影部等；用较细的线表现产品的结构和亮部，这种线面结合表现的方式除了单线勾画的效果外还能表现物体的空间感和层次感，具有较强的艺术韵味，使画面生动并富有变化。

运用线面表现的过程是：先用单线的表现形式完整地画出一件产品的外部造型和内部结构，然后用比单线淡几个层次，但颜色相同的马克笔，画出模拟光源的产品明暗效果，运用这种方法表现时要选择较大的面和主要的面作为物体的亮部尽量留白，次要的面或较少的面作为物体的暗面，在着色的过程中，运笔要果断、肯定。

用线和与线相同颜色的面来表示物体的轮廓、体量以及色彩、明度、材料质感和受光强弱等变化。其表现形式由于加入了色块的因素。视觉上产生了面的效果，显得对比强烈，活泼生动，富于变化。

线面结合的设计表现形式介于单线形式和素描形式之间。就单线形式而言，线面结合形式增加了一个"面"的层次表现，使其面线的领域得到了扩展。另一方面，这个"面"是和线条色彩相同的单一色块组成的"面"，相对素描形式而言，不可能出现多层次的变化，因而，必定是一个高度简约扼要的"面"。

马克笔很适合做线面形式的设计表现，马克笔的笔尖和纸面接触角度的变化可以产生各种粗细变化的线条和块面，容易控制。有时仅需几笔．即可获得理想的块面。

（3）单色形式

刚接触马克笔时可以先进行单色练习。因为它无须考虑色彩关系，只考虑明暗关系，比较容易把握（图5.7）。

图5.7　灰色马克笔草图

（4）色彩形式

色彩形式是结合了单色和线面两种方法，并加上概括性的色彩表现，在勾单线或线面结合的同时，对物体的色彩变化和明暗变化本着快捷、简便的原则记录，表现基本的色彩倾向和色彩关系，而不必面面俱到（图5.8）。

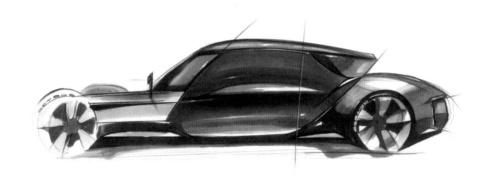

图5.8　彩色马克笔草图

5.1.4　马克笔对"面"的处理

首先，是直面（尖锐角面的处理）。在用马克笔画"面"的时候，切忌将面画得过死，要学会留白，要和用笔触的交错画出透明而生动的面来，在画的时候灵活运用马克笔的各个形面。

然后是导角面的处理。首先确定光线的来源，然后用较淡的马克笔在导角R的半弧处偏右一点的位置，扭转落笔，其手法要直率肯定，手感要稳健，下笔要准确。

最后是马克笔对曲面的处理。考虑光线的变化，画出明暗转折关系，落笔一定要卡在转折关系上，通过重笔，由浅入深地加强物体的体积。

5.1.5　步骤和案例

起稿首先根据产品的大形趋势，找主要的关键线（透视一定要准），然后画出整体的透视关系。再逐渐对形体进行细分，画出一些主要的细节，深入刻画出产品的整个形态，比如边的导角等。此阶段，除了要注意透视关系，还需要要注意各个部件之间的比例和位置关系，产品每个主体和细节的比例都应该是很美的。在这个步骤中，遇到缝的地方可以用勾双线来表现，导角部分的线条可相对实际的结构轻一点，复杂的结构和曲面可以结合结构线来表达（图5.9）。

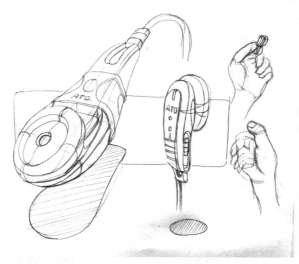

图5.9　马克笔草图案例——起稿

　　起稿完成后，在上色之前还应该先分面。分面也就是确定阴影的位置和方向，然后根据阴影确定产品的受光和明暗情况，也就是确定三大面和五大调子（最关键的是确定明暗交界线以及受光和背光面）。

　　对物体的分面和明暗情况做到胸有成竹之后，才开始进行着色（图5.10～图5.13）。马克笔的着色步骤对于初学来说可以采取先浅后深的方法。先用最浅的颜色，由暗部先进行上色。用马克笔将明暗交界线绘制出，再逐渐渐变到暗部和反光面，这一步其实就是将产品大概的体积关系表达出来（也就是区分受光面和背光面），为后面的上色做好准备。在这个步骤中颜色不应太多，还应适当留白，这样图会比较透气、对比分明，同时有视觉冲击力。

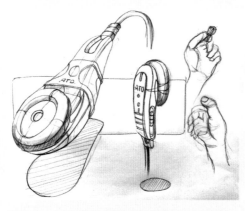 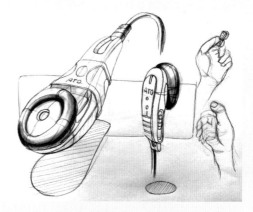

图5.10　马克笔草图案例——绘制大色步骤一　　　图5.11　马克笔草图案例——绘制大色步骤二

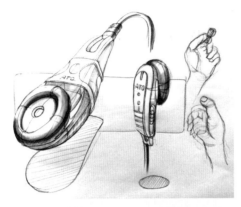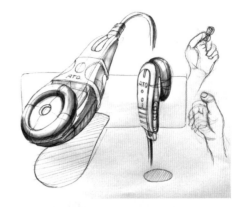

图5.12　马克笔草图案例——绘制大色步骤三　图5.13　马克笔草图案例——绘制大色步骤四

　　初步绘制出受光和背光关系后，可以再逐渐加深暗部的色彩，并通过色彩的渐变，将色彩逐渐推移至亮部，使五大调子明度关系明确，绘制出更多的明度层次。用笔的方向应该顺着面的趋势或是说产品的结构以及整个画面的对比关系来考虑（图5.14～图5.16）。

　　在绘制的过程中，应把握住整体的"黑、白、灰"关系，并使黑白灰关系在绘制的任何一个环节中始终保持。绘制的同时也可用重色将产品的阴影先画出来，便于进行明度的对比。

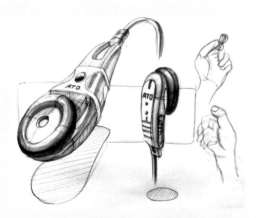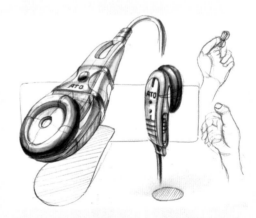

图5.14　马克笔草图案例——绘制大色步骤五　图5.15　马克笔草图案例——绘制大色步骤六

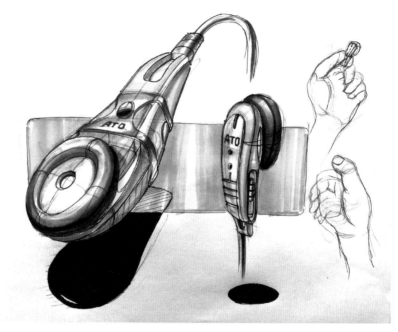

图5.16　马克笔草图案例——绘制大色步骤七

　　产品的色彩关系和明度关系表达完整后，绘制大色的步骤就基本结束。剩下的主要是对画面进行调整和进行细节刻画（图5.17、图5.18）。整体的调整主要是修整产品的轮廓使其光滑。包括：修整表达质感需要的高光块面、反光块面和重色块面的轮廓，绘制过程中画错部分的调整和修改，对画面整体的对比度及明度的调整，画面构图所涉及的文字符号等的版式构成调整。细节刻画的内容主要包括：物体的部分细小导角、缝所产生的重色及其相应的醒线和暗线、高光的层次处理等。

图5.17　马克笔草图案例——调整和细节刻画
步骤一

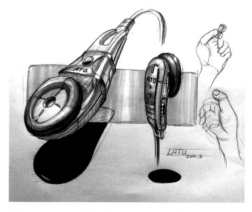

图5.18　马克笔草图案例——调整和细节刻画
步骤二

5.2 色粉配合马克笔技法

5.2.1 色粉

色粉笔也可称为色粉棒，是一种古老的色彩绘画工具。法国著名印象派画家爱得华·德加就非常喜欢用色粉作画，其独特的画面效果给人留下深刻印象。而今，由于色粉表达细腻、上色过程简单，设计界也有很多人喜欢用色粉作为色彩表现工具。

使用色粉可直接在纸上画，但更多的时候是刮成粉末，再涂在纸上。具体方法是用刀片（也可用指甲刮下色粉）用手指揉细，再在画面需要的位置用手指、脱脂棉或纸巾擦拭。擦色粉要轻重有度，以免产生不均匀的效果。不同色相的色粉在粉末状混合时也可调色，但使用色粉容易变脏，应注意保持画面整洁。色粉作品色彩柔和，层次丰富，适于表现画面不大的曲面形休，因此在工业产品的表现中用得较多。

色粉善于表现柔和的层次变化，这神奇的效果是其它工具难以企及的。在设计表现中，通常用色粉铺大的色调关系，用彩铅或水粉提细部，再以马克笔画投影。在使用色粉表现直线边缘或其它形状边缘时，可用纸做成模板遮挡，将色粉涂在纸模板上擦到画面上，这样的画面边缘清晰，色块整洁干净。

橡皮在色粉表现中能起到非常有趣的作用，通过纸遮挡可擦出整齐的边缘，从而表现金属质感、玻璃质感、镜面效果和倒影。用橡皮还可擦出光影效果、反光。如把橡皮切成锐角，还可以进行细部的修饰刻画表现。色粉表现完成后，最好用发胶喷洒固定。

用签字笔勾轮廓，再根据对象的形状擦色粉。擦色粉需朝一个方向擦，注意手的力度，先轻后重。擦色粉主要是表现对象体积关系和大的光影效果，最后可用加工过的橡皮提擦出其他效果。

用色粉表现体积关系，是轻而易举的事情，关键是位置要选对。色粉虽然有丰富的色彩表现力，但具体使用要十分注重色调关系、主次关系和颜色之间的协调性，用色宁少勿多。

在效果图的制作中，色粉通常是用刀刮下粉末来使用。一般用纸巾或医用脱脂棉或手指涂抹，用来处理大面积的色块，有退晕和渐变的效果。色粉方便快捷，又能擦拭修改。色粉单独使用，很难画出尖锐的块面，所以往往是配合深色马克笔一起使用。

高光部分一般留白，或擦拭白色色粉。高光与明暗交界之处，可以轻擦色粉柔和的过渡，暗部一般用深色马克笔压出或用深色色粉。色粉画的着色顺序应由浅到深，由高光画到暗部，和水粉的作画顺序刚好相反。色粉由于可以擦除，所以也容易脱落，一般在完成一幅色粉作品后，通常要喷洒一层定画液，如果没有专门的定画液，发胶也可以代替。

5.2.2 马克笔配合色粉的技法和步骤

色粉配合马克笔技法的步骤如下。

① 先用曲线尺勾勒出产品的外形。

② 擦除不需要的线条整理出清晰的产品外形，把形体上的不同颜色的色块用彩色铅笔勾勒区分出来。

③ 用遮挡液或透明黏性纸或胶带把画面外内容遮挡住。

④ 背景用色粉或色粉配合马克笔着色。

⑤ 用马克笔从画面中较深的地方开始着色，着色方法可以平涂，但注意细节的留白。

⑥ 用马克笔将一些细节上的暗线和投影画出来，并开始做一些暗部的细节刻画。

⑦ 用色粉进行大面积的着色，注意色彩的退晕关系。

⑧ 铺色粉，把应是高光的部分后期用橡皮擦擦出来即可。

⑨ 用色粉做更进一步的细节刻画，擦出反光的色彩关系。

⑩ 用马克笔做进一步的细节刻画。主要是被色粉覆盖后，颜色变淡的地方需要重新刻画。

⑪ 修整外形，使外形光滑流畅。

⑫ 用白色颜料、色粉或是修改液等提出醒线和高光，完成效果图的制作。

5.2.3 步骤和案例——汽车效果图的绘制

第一个环节：勾勒草图（图5.19）。

❶ 画出基本的形体关系，注意大的比例与透视

❷ 利用中线和辅助线，对形体各部分进行分割。找出基本细节所占的位置

❸ 逐渐刻画较难画的透视圆

❹ 对细节进行刻画，尤其像车灯内，应避免光影迷惑，画出基本的结构、体积关系，尽量以表达清晰为主

❺ 对上一步骤的结果进行整理，使线条清晰，同时完善细节的刻画

图5.19 色粉草图案例——起稿步骤

第二个环节：绘制色彩。

步骤一：拷贝草图，使正式稿线条清晰、流畅、整洁（图5.20）。

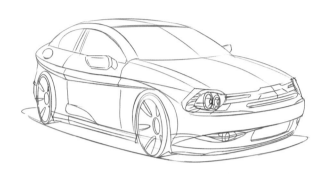

图5.20　色粉草图案例——起稿完成

步骤二：对线稿进行块面的划分，主要区分明暗面，尤其是暗面的位置，明暗交界线的位置，以及玻璃中的重色反光的位置及形状（图5.21）。

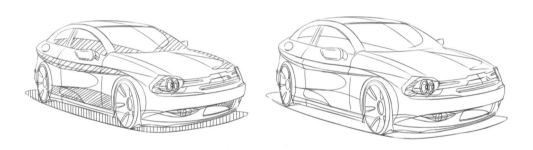

图5.21　色粉草图案例——分面示意

步骤三：用马克笔对车的阴影进行刻画，注意保持阴影形状的光滑、流畅，阴影部分可适当留白，以产生透气的感觉（图5.22）。

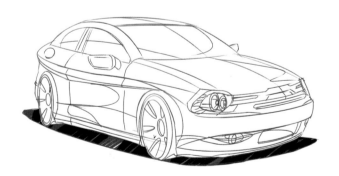

图5.22　色粉草图案例——绘制色彩步骤三

步骤四：使用马克笔对画面中最重的颜色、暗质感的不同进行标示，金属或玻璃中的部分重色边缘清晰、形状光滑，而其它材质相对较柔和，同时加深最重的部分（图5.23）。

使用马克笔对车的轮毂的重色进行刻画。此部分重色可以看成是地平线的反射，因此用笔应灵活，尽量形成地面反射上去的感受。

图5.23　色粉草图案例——绘制色彩步骤四

步骤五：使用色粉，对车体进行概括性的大面积上色，上色仅需要围绕车身的高光进行某种趋势渐变（图5.24）。

图5.24　色粉草图案例——绘制色彩步骤五

步骤六：使用色粉，对轮毂进行擦拭，上半部可采用天光色，以表示天光的反射。下半部可采用地面的颜色，以表示地面的反射。此部分上色应注意，在重色及两个彩色之间，应适当保留亮色，以加强对比，增强金属的质感（图5.25）。

图5.25　色粉草图案例——绘制色彩步骤六

步骤七：对轮子的橡胶部分进行刻画，画出基本的光影关系。注意，轮子与地面接触部分的反光，尽量保持较亮，以分离开地面阴影与物体（图5.26）。

图5.26　色粉草图案例——绘制色彩步骤七

步骤八：对车灯进行刻画，只按大的明暗与色彩惯性进行大面积的上色（图5.27）。

图5.27　色粉草图案例——绘制色彩步骤八

步骤九：加强车体的明暗交界线，使得车身的立体感得到加强（图5.28）。

图5.28　色粉草图案例——绘制色彩步骤九

步骤十：对车正面的金属进行细节刻画，画出灰色部分及重色部分，注意高光的细部形状和反光形状。对车灯进行细节刻画，加强反光部分的不透明感，以增强玻璃质感。

继续对车灯、金属等部分进行细节刻画与调整，使用暗线条及亮线条，刻画出灯罩表面的纹路，同时进行整体调整，完成整个绘制（图5.29）。

图5.29　色粉草图案例——绘制色彩步骤十

色粉配合马克笔的技法方便、快捷、细腻，也有相当多的设计师喜欢采用此种技法，其技法的关键点和重点可以参考图5.30。

5.3　借底画法

5.3.1　常见的借底画法

借用在纸基上刷好的底色，来完成表现图是一种很有效的办法。这个方法可以使底色作为表现图上的一个组成部分保留下来，省去了大量的敷色时间。底色的选择应以被表现产品的某明暗面或产品上某材料的质感为基准。深入刻画前应待所铺底色完全干后，才能进行细部刻画，然后再调整画面的明暗和色彩的对比，逐层深入和完善。

借底画法有三种表现形式。

（1）物体的中间色作底色

观察该物体（或假设物体）明暗关系中的中间色，并将此色调作底色，用底纹笔根据不同的对象，在正稿上画出大的色彩气氛，注意虚实变化。在刷好基色的纸上，再根据形态特点，加重产品的暗部，提出亮部。对于一些不适于用底色的部分可以覆盖，重新刻画。为区分背景和产品形态，可用画辅助线的办法来解决。

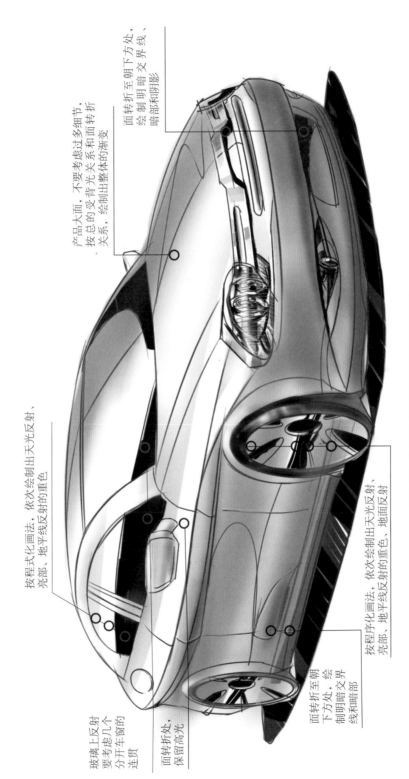

产品大面，不要考虑过多细节，按总的受背光关系和面转折关系，绘制出整体的渐变

面转折至朝下方处，绘制明暗交界线，暗部和阴影

按程式化画法，依次绘制出天光反射，地平线反射的重色

玻璃上反射要考虑几个分开车窗的连贯

面转折处，保留高光

面转折至朝下方处，绘制明暗交界线暗部

按程序化画法，依次绘制出天光反射、地平线反射的重色、地面反射

图5.30 色粉配合马克笔绘制汽车效果图

（2）以物体的暗部色作底色

观察物体（或假设物体）的明暗关系中最暗的色为底色，在这样的基色上，再用明亮的颜色或是加了白粉的颜色逐渐往亮部刻画，注意明暗变化的结构关系，高光部分用纯亮色点出或拉出便是。

（3）借用有色纸作底色

有色纸多种多样，或明或暗，表现方法与上两种相同。

5.3.2　制作底色的注意事项

刷底色之前首先要分析产品的质感、特征，如材料特性、表面肌理、受光、反光与否等，分析之后就能确定选用何种浓淡与深浅的颜色作为底色了。另外，笔触的衔接与变化、材料的质感特征，都应通过考虑后恰如其分地表现出来。

底色用笔要注意表现出活泼、生动的气氛，要画得轻松、自然，通过对物体主要部分严格的整理和细心的刻画，形成既翔实、严谨，又轻松、洒脱的对比效果。

用作底色的颜色，尽可能少用白或不用白。因为白色过多，易造成暗部深不下去，亮部不透明，出现"粉"气的画面。

5.3.3　高光法

高光法一般用在偏深色的有色纸上作画，在产品的形态的轮廓和转折处，着重表现高光和反光，再用加重投影的方法来表现产品的造型。此方法由于速度较快、易于掌握、特别是表现透明材质有一定的优点，因此在产品设计的表现中应用较多。

高光法着重表现的是产品的明暗关系，忽略或高度概括产品的色彩表现。高光法的明暗层次比其他画法更加提炼、概括，特别是亮部的处理，大多用明度很高或很亮的颜色来刻画，这样可以尽可能地拉开一个很大的反差，突出产品的亮部和反光部分的质感和高光。在用较浅色的有色纸描绘时，一般结合马克笔使用，用深的颜色来画投影，使要表现的整个形体跳出画面。

高光法主要是以黑白两色结合单色来塑造形体，通常用有色卡纸做底，用铅笔起稿，色粉、马克笔、水粉结合做为铺色材料和工具。其着色和马克笔、色粉的步骤一样，和水粉的着色顺序相反，一般由深入浅进行着色，这种着色顺序主要是便于控制色调的层次变化。

在高光法中要注意的是，高光线和高光点的层次、主次、远近、强弱、虚实上要有变化，以免显得单薄和简单。注意画面要有效果图简练、生动、强烈的特点，忌讳处理得过分的沉闷和生硬，在使用色粉的效果图时一定要记得喷洒定画液，以免色粉脱落。

高光法中要注意对比关系，要想有形体在底色上出现并且有强烈的效果，就必须拉开高光与背景的对比，反光与背景、反光和阴影的对比，同时需辅助简单的色彩关系的变化（冷暖的变化，补色的变化）有结构转折的地方色彩层次上一定要有区别，才能表现出形体的特征。

在结构表现不清楚的地方加深或提亮，和底色产生一定的色彩层次的对比，结构才能自然清晰可见。需要注意的是高光点、高光线、重色点、重色线的主次、强弱。

在高光法表现中，让形体在有色纸上表现出来，其实就是形体边缘比底色深或是浅，总的说来，就是形体边缘一定要和底色有区别（图5.31）。

图5.31　高光法案例

5.3.4　高光法案例

图5.32　自制底色高光法和底色纸高光法

高光法的绘制一般有两种方式：一种是自制底色画法；一种是底色纸画法（如图5.32）。底色纸一般选择色卡纸。色卡纸一般不进行裱纸，自制底色一般要先进行裱纸。下面将以两个案例分别介绍这两种方法。

案例一：底色纸上绘制。

步骤一：在有色纸上起稿（图5.33）。

图5.33　高光法案例一——步骤一

步骤二：画出物体的阴影（图5.34）。

图5.34　高光法案例一——步骤二

步骤三：画出物体的暗部（图5.35）。

图5.35　高光法案例一——步骤三

步骤四：画出物体并画出高光（图5.36）。

图5.36　高光法案例———步骤四

步骤五：进行细节刻画（图5.37、图5.38）。

图5.37　高光法案例———步骤五

图5.38　高光法案例———细节放大图

案例二：自制底色画法。

步骤一：裱好绘制的图纸，并在其上按照透视绘制出线稿。也可以先绘制草稿，再拷贝到正式的画面上（图5.39）。

图5.39　高光法案例二——步骤一

步骤二：制作底色。用排笔和水粉或水彩，绘制出底色。底色一般根据物体的受光情况，进行渐层的处理，在高光和反光的区域适当留白（图5.40）。

图5.40　高光法案例二——步骤二

步骤三：加深或提亮形体的边缘，使形体跳出背景。这一步主要的目的是使形体凸显于底色之上。简而言之，即是物体的轮廓附近的块面必须与背景区分。与此同时，按照物体的受光情况，绘制出物体内各形态的比例关系，其刻画方法基本还是以渐变形式为主（图5.41）。

图5.41　高光法案例二——步骤三

步骤四：进行细节刻画，并调整画面（图5.42）。主要内容还是和马克笔一样，只是采用水粉刻画。对轮廓进行修整，暗线、醒线以及导角等部分的刻画完成后，绘制过程就结束了。

图5.42　高光法案例二——步骤四

5.4　厚涂法

厚涂法主要是用水粉作画，其用纸的选择很广泛，可以用素描纸、水彩纸、水粉纸和卡纸等，但最好用素描纸，因为没有纹路、同时吸水性也强。在作画时要用水，所以一般要先裱纸，以免纸皱变形影响作画。作画的时间一般较长，需要一定的耐心让画面厚重而沉着。

水粉色的特点是颜色饱和浑厚，可以覆盖，也可以干画、湿画、推晕，具有极强的表现力。在设计表现中，一般用水粉色去画色彩感很强的地方，刻画精彩部分，提高光和勾暗部。水粉是一种粉质性半透明颜料，因此，在画时注意不要盖住轮廓线。水粉用笔要干湿衔接自然圆润，笔含颜料时需浓淡适中，用色相对单纯。总之，用笔用色用水要做到心中有数，防止画面脏、粉（灰）、花（凌乱）。淡彩表现要根据对象形体特征用笔，亮部的留出、亮光的表达、投影的位置、色彩的浓淡，都是围绕对象形体结构而展开。

厚涂法表现技法适合画玻璃和金属等质感强、并且块面明显的产品，避免选择有柔和过渡的面的产品（图5.43）。

图5.43　厚涂法表现的金属、皮质和玻璃质感

5.4.1 水粉的运用

水粉是一种不透明的水彩颜料，用于产品表现图已有很久的历史。其特点是覆盖力强，绘画技法便于掌握。

粉色的特点是颜色饱和浑厚，可以覆盖。可以干画、湿画、退晕，具有极强的表现力。水粉的技法主要有干、湿画法或两种技法的结合。一般选择什么画法为主，要根据对象的不同而定。

干画法：一般用在画面的主体部分，体面转折变化明显的部分，离视觉近的部分。方法是待底色干了以后，根据物体的结构一笔一笔地描绘上去。干画法可获得笔触明显、画面对比强烈的效果。

湿画法：一般用在画面的次要部分与边缘部分，表面光滑细致、变化微妙的部分。方法是待纸面未干时，笔上水分比较饱和的情况下着色，这样笔与笔之间的衔接柔和、自然，且不同的色块融合成一片，变化细腻。一般有经验的设计师常采用干、湿结合的画法，利用技法特点的不同，来表现理想的画面。

5.4.2 厚涂法的退晕

厚涂法的退晕一般有以下几种方法。

（1）直接法或连续着色法

这种退晕方法多用于面积不大的渲染，这种画法是直接将颜料调好，强调用笔触渲染，而不是任颜色流下。大面积的水粉渲染则是用小板刷往复地刷，一边刷一边加色，使之出现退晕。需要注意的是必须保持纸的湿润。

（2）利用色彩构成渐变的填色方法

这种方法是先调出渐变的色彩，然后按照勾好的图块，一块一块地把调好的颜色添在色块内。

（3）仿照水墨水彩"洗"的渲染方法

水粉虽比水墨、水彩稠，但是只要图板坡度陡一些，也可以使颜料顺图板倾斜淌下。因此，可以借用"洗"的方法进行大面积的退晕。

5.4.3 厚涂法的步骤

（1）裱制纸

一般厚涂法作画时间较长，画面较大，因此需要先将素描纸裱制在画板上。裱纸的方法是先将素描纸用清水润湿，然后将牛皮纸裁成条状，涂上用水略为稀释的乳白胶，粘在纸张边缘与画板结合的区域。由于纸张在润湿时会膨胀，润湿的纸张显得不平整。但待其干后，自然会平整。纸张变干后会收缩，且收缩力较大，因此牛皮纸可以适当裁得宽一点，避免因拉力过大将纸面拉裂。要想快速使纸张平整，可以在裱完纸后用吹风，由内向外吹，使得纸张快速干燥。

（2）勾出形体

勾形的方式与前面的技法类似，在此不再重复。为了画面的整洁和最终效果，一般还是采取先勾草稿再拷贝的方法。

（3）勾出产品上的块面

将产品上颜色不同的色块全部用铅笔勾勒出来，后期填色时，只需按照勾出的块面，填充色就可以。勾勒的色块越细，后面的表现就会越真实。遇到渐变的地方按照渐变的趋势，分成一个个渐变的小块进行处理。

（4）调水粉颜料进行着色

由于任何一个区域的色块都勾勒完整，厚涂法可以从任何一个局部着手，不用考虑绘制的整体，可以一块接一块的填颜色。颜料和水粉的把握应注意，不能太稀薄，也不能涂得太厚，应以能盖住不透白和不腻为标准。画的过程中注意块面的明度和色相，看明度可以稍为眯着眼睛去看，色彩过渡的部分通过渐变来实现。由于画面的清晰度就在于色块的明确性上，因此在填充块面的过程中，一定要注意块面边缘的光滑度，尤其是块面间衔接的部分一定要做到光滑流畅。

（5）整体调整

块面填充完后，画面基本完成，但还应对整体进行综合调整。此阶段的调整主要是从画面的整体效果进行考虑，对对比度不强、饱和度不够的色块以及清晰度不够的色块进行修整。

5.4.4 厚涂法案例

图5.44是厚涂法的案例。图5.45～图5.48是对细节绘制的块面的分析。同一色主要是采取平涂填色，色彩的过渡则主要是通过水粉进行明度或色相推移的渐变。

图5.44 厚涂法表现案例一

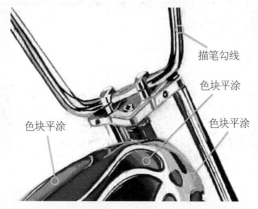

图5.45 厚涂法表现案例一——局部一

图5.46 厚涂法表现案例一——局部二

图5.47 厚涂法表现案例一——局部三

图5.48 厚涂法表现案例二及局部

5.5 彩色铅笔淡彩技法

在单线勾描的基础上再做淡彩渲染是设计表现中常用的手法。淡彩渲染不仅抓取了物体基本的色彩感觉，也能同时处理明暗关系和材质。施加淡彩的过程中，不必面面俱到，而是把握住对象的主要色彩关系，本着简洁、明快的原则施以淡彩。淡彩表现形式是单线勾画出物体的外部轮廓和主要特征，勾画形体要求比例正确、透视角度合理、线条舒展流畅。

勾画时可以自由勾勒，也可以借助于工具，如直尺、曲线板、椭圆板以及圆规等。上色前必须了解笔、颜料和纸张的性能，在使用之前尝试一下，然后再着色。如何选笔也值得使用者仔细推敲。笔尖的粗细、笔的下墨浓度以及笔和纸张的配合等都很有讲究。特别要注意的是画轮廓线的墨水在遇到水性颜料时不应浸开，以免弄脏画面。尽可能选用含有不溶水油墨的签字笔、细头记号笔，细管径的针管笔也是不错的选择。针管笔落笔轻快，且下水少，可以等墨水干透之后再上色。颜料和纸张的选用上不必一味追求高级、高价。材料有贵贱，但无需分出优劣，长期使用某种材料摸透其特性，自然得心应手、水到渠成。

用淡彩表现产品往往多强调固有色。而环境设计、风景写生则多考虑光源、环境因素的变化和影响。但无论对象如何都要首先抓住画面的主色调，注重色彩的协调性，切忌凌乱。

淡彩表现的色彩明快而透明，上色需要一气呵成，不要过多地涂抹和重叠，避免笔触混乱，色彩脏乱。

对于色块面积较大的部分宜用宽笔平涂，适当地留有笔触可以增加画面的生动性，物体的高光部分可以加上白色或者留白底。

5.5.1 彩色铅笔的用笔

彩色铅笔之所以备受设计师的喜爱，主要因为它有方便、简单、易掌握的特点，且运用范围广、效果好。尤其在快速表现中，用简单的几种颜色和轻松、洒脱的线条即可说明产品设计中的用色、氛围及材质。同时，由于彩色铅笔的色彩种类较多，可表现多种颜色和线条，能增强画面的层次感和产品的固有色。用彩色铅笔在表现一些特殊肌理如木纹、织物、皮革等肌理时，均有独特的效果。

彩色铅笔虽说是铅笔，但用它进行画效果图时，与一般普通铅笔画效果图不同，它的笔触和排线有着自身的方法和特点。一般来说彩色铅笔的线应该肯定、排列整齐，可以辅以直尺等工具。彩色铅笔不仅用于勾画线条，更重要的任务是表现块面和层次的灰色调，因此需要用排线的重叠来实现层次的丰富变化。排线的方法除了以前介绍的钢笔的排线方式外，也可以像素描那样交叉重叠，但重叠的次数不应过多，一般只重叠一次。

水溶性彩色铅笔是一种很容易控制的色彩表现工具，既可以勾线，又能铺色，尤其能很自然地表现色彩之间的过渡关系。水溶性彩色铅笔很适合在略粗的色纸上表现。通常一般表现程序是先用签字笔勾轮廓，再根据所表现对象的原有色倾向用彩色铅笔铺中间色调，用合适的色铺暗部色调，最后用白彩色铅笔提出高光。使用彩铅时用笔要以形体关系、明暗关系为依据，排线讲究疏密和强弱，提高光下笔肯定有力，铺色调轻柔而自然。现今市面上的彩色铅笔品牌很多，质量也有很大的区别，建议买质地细腻而结实的彩色铅笔。

水溶性彩色铅笔是近年来才被认识的非常好用的表现工具，无论是提线、铺色调、推晕，还是色彩过渡、刻画细部都能做到得心应手。有特殊需要时，可用水渲染，也可用橡皮擦。水溶性彩色铅笔使用时最好用质量较好的卷笔刀削尖，这是因为笔芯较脆，用手削易断。另外，尖的笔头具有较好的表现力。

5.5.2 彩色铅笔表现技法练习

应用彩色铅笔表现应掌握如下几点（图5.49）。

① 在绘制图纸时，可根据实际的情况改变彩色铅笔的力度，以便使它的色彩明度和纯度发生变化，带出一些渐变的效果，形成多层次的表现。

② 由于彩色铅笔有可覆盖性，所以在控制色调时，可用单色（冷色调一般用蓝颜色，暖色调一般用黄颜色）先笼统地罩一遍，然后逐层上色后再细致刻画。

③ 选用纸张也会影响画面的风格，在较粗糙的纸张上用彩色铅笔会有一种粗犷豪爽的感觉，而用细滑的纸会产生一种细腻柔和之美。

图5.49 彩色铅笔效果图

5.5.3　运用彩色铅笔绘制效果图需注意的问题

彩色铅笔是表达物体灰色或过渡的，不要把它完全当成是固有色来涂满，和其它技法一样，要保持物体的光感和体积感。

暗部阴影也可以用黑色马克笔辅助，以加强立体感和明暗对比。但注意，马克笔应画在彩铅之前。

由于彩铅精度不是很高，要随时保持彩铅笔尖的尖锐度。形体的结构特征主要依靠最早的勾线笔来体现，彩铅最主要的功用是只画中间的色调过渡。

5.5.4　彩色铅笔绘制步骤和案例

步骤一：用钢笔、圆珠笔、签字笔等勾出产品的外形，注意轮廓线的粗细、虚实（图5.50）。

图5.50　彩色铅笔技法案例——步骤一

步骤二：可以用钢笔等画一点暗部，暗部的用笔要简洁、概括，也可以用黑色彩色铅笔表现暗部。无论用钢笔或彩色铅笔，其第二步的目的是在于表达物体的体积感（图5.51）。

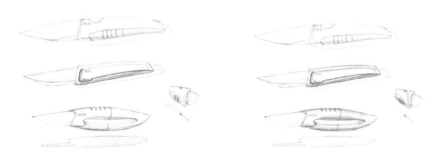

图5.51　彩色铅笔技法案例——步骤二

步骤三：选择与对象接近的彩色铅笔，表现出物体的灰色面（图5.52）。

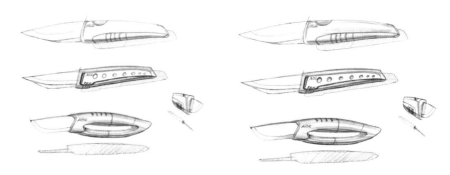

图5.52　彩色铅笔技法案例——步骤三

步骤四：收拾形体边缘，刻画细节，画出色彩关系、固有色和背景（图5.53）。

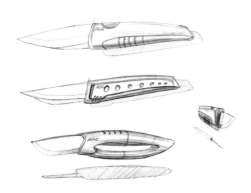

图5.53　彩色铅笔技法案例——步骤四

5.6　设计表达的工具及其使用

既然手绘的表达如此重要，应该如何迅速提高手绘的表达能力，也就成了工业设计师入门的第一个重要门槛。要跨过这道门槛，首先要了解我们的绘图工具，绘图工具掌握得不到位，会束缚设计师的手脚，限制和制约设计师想法的表达。"工欲善其事，必先利其器"，工具和材料是设计师的朋友，每一种工具和材料都有自己的特点和个性，怎么来掌握使用它们的秘诀，发挥它们的潜力，揭开它们的奥秘，是提高设计表达能力的第一步。初学时，有些工具不一定能很好掌握，但应坚定信念，不断总结经验，最终会掌握好工具的特性，绘制出理想的设计图（图5.54）。

设计表达的技法

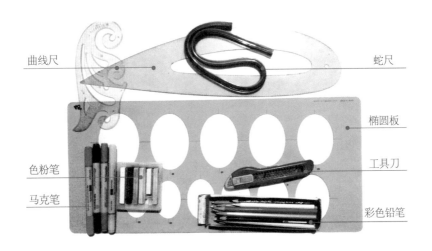

图5.54 部分常用设计工具

5.6.1 笔类及其使用

效果图设计表现的用笔可分硬笔和软笔两大类。硬笔类诸如铅笔、钢笔、针管笔、弯尖钢笔等，此类笔以线条的描绘为主；软笔类多用于渲染色彩的表现，常见的软笔如毛笔、不同规格的水彩、水粉笔等。此外还有一些新型的设计用笔，如水性和油性马克笔、水溶性彩色铅笔等，这些笔既能勾画线条，同时又能做色彩处理，近些年来，在设计领域得到了广泛的使用。

① 铅笔（图5.55） 大家使用铅笔的经历已经比较长了，这里也就不做过多的介绍，但是在做设计时还是别忘了尽量使用2B以上的软笔，同时削笔应勤，要达到好的效果就必须保证工具的好使用。铅笔有中锋和侧锋使用上的区别，中锋主要用于绘制坚挺、有弹性的线条，侧锋主要用于明暗交界线的上色和模糊线条的绘制。因此，铅笔的削法也有一定的讲究。削成的铅笔尽量使侧锋的面积较大，在铅笔使用过程中，应不停地转动铅笔，保持侧缝的面积在使用过程中尽量不变。

图5.55 铅笔及其笔触

② 钢笔、签字笔　钢笔、签字笔在设计绘图中的使用方法基本相同。它们携带方便，速写简洁明快、气韵生动，所以设计师用钢笔、签字笔做快速表现的频率非常高。钢笔、签字笔的使用比起铅笔来说要困难一些。一是由于此类笔用的墨水是无法擦拭的，一笔下去就是一条黑线，因此要求设计师在下笔之前，必须仔细观察对象，做到心中有数，准确落笔，一气呵成；其次，由于工具的局限性，钢笔速写缺少铅笔那样丰富细腻的层次变化。设计师应当简化色调，用有限的色调简捷地表现出物体的层次变化；因为省略了色调，就需直接画出分界轮廓线或者交界线，以区分面与面之间的关系。

③ 圆珠笔　圆珠笔在设计表达中也非常常用，在配合马克笔使用方面圆珠笔使用较多，圆珠笔的性质和钢笔很类似，与钢笔一样无法修改，但圆珠笔的轻重相对来说要好控制一些，可以绘制出与铅笔一样的轻、重感受不同的线条，控制得好与铅笔一样能产生丰富细腻的层次变化。圆珠笔和签字笔在面的表达上主要是通过线条的疏密来控制，一般选用黑色圆珠笔绘制草图和效果图较好。

④ 针管笔　针管笔的笔头是一根细管子，管子中间有一根很细的针，所以叫做针管笔。针管笔按笔头的粗细划分出很多型号，常见的是0.1～1.2的，既有单支出售的，也有盒装的。针管笔有线条粗细的规范，而且变换笔的粗细较方便。但普通针管笔由于受墨水和纸张的影响，针管容易被堵，画出的线时断时续，有时候笔管里的针也容易把纸划破。所以在选择针管笔作画时尽量选择优质笔，在遇到墨水不畅时，可以在较粗糙的表面上来回移动（如手上）。以上几种笔常用于起稿、构思和草图的绘制（图5.56）。

图5.56　针管笔及其笔触

⑤ 软笔　主要是指毛笔、水彩笔、水粉笔、排笔等。这类笔有的可以用勾线，有的可以来描绘、铺色、提高光或是制作大面的背景。一般来说进行细节刻画和高光处理主要运用毛笔，大面积的背景处理运用水粉笔或排笔。

⑥ 马克笔（麦克笔）　马克笔分为油性和水性两种。油性马克笔和水性马克笔的色彩种类比较齐全，有条件的话当然买齐最好。油性马克笔辅色相对水性马克笔要理想得

多，有渗透叠加的效果，调色性强。马克笔既可以用来铺底色又可以用来刻画物体。既可以用来画草图，又可以用来画精细效果图，是一种很理想的绘图工具，所以，近年来在设计领域中被广泛使用。

马克笔不用调色和调水就可以直接使用，干燥极快，而且不会褪色和变色，且携带方便，绘制的线条色泽透明、色块均匀（图5.57）马克笔的笔头用毡制成，有的两头都可以作画，一头是方头，用于辅色；一头是圆头，很细，可以勾划线条。一般情况下最需要使用的是纯灰色系列和彩灰色系列的马克笔。画效果草图，只准备一些常用的颜色就够了。油性马克笔都带有挥发性，所以在用完笔以后一定要记得盖上笔盖，否则颜料容易挥发。

图5.57　马克笔及其笔触

⑦ 色粉笔　色粉在设计表现中和绘画用法不一样。在效果图的制作中，色粉通常是用刀刮下粉来使用。一般用纸巾或医用脱脂棉或手指涂抹，用来处理大面积的色块，有退晕和渐变的效果。色粉方便快捷，又能擦拭修改，绘制细腻，是一种理想的上色工具。在作效果图时，色粉通常配深色马克笔一起使用，高光部分一般留白，或擦拭白色色粉，高光与明暗交界之处，可以轻擦色粉柔和过渡，暗部一般用深色马克笔压出或用深色色粉表现。在色粉中添加婴儿爽身粉，可使上色更加流畅。但色粉作品长时间存放可能会导致色粉脱落，这时最好喷上定画液（图5.58）。

图5.58　色粉的使用过程

⑧ 彩色铅笔　彩色铅笔的使用与一般铅笔类似。彩色铅笔一般有两种：一种普通的，另一种是水溶性彩色铅笔。水溶性彩色铅笔一般价格要比普通的贵。水溶性彩色铅笔在沾上水以后，笔上的颜料会融化，效果类似水彩的效果。合理控制好水分，水溶性彩色铅笔可以出现线的效果，也可以出现面的效果，彩色铅笔既可以用来勾画线条，也可以用来着色。彩色铅笔在设计中使用得相当广泛，尤其是在室内设计和环艺设计中的效果图。

5.6.2　效果图的材料及其使用

① 着色颜料　效果图的着色颜料常用水粉或水彩、透明水彩、色粉、马克笔、彩色铅笔等。其中透明水彩又叫照相透明水彩，是一种水性颜料，原来是为黑白照片上彩使用的。这种颜料像一本书，论册出售，使用时用笔蘸水于色纸上，然后可以在纸上作色。这种颜料透明度优于水彩，因此效果比水彩还要透明，但对纸面的清洁度要求很高。

② 纸张　纸张可以影响各种笔类的表现，纸的平整度决定了线条的清晰度和外观。如果要使用马克笔这类水性或油性颜料进行绘制，一般选择防潮性好、吸水性差的纸张，会有更好的表现效果。另外要注意，由于需要使用橡皮擦拭，会损伤纸面，因此最好选用表面耐磨的纸张。

常用纸张有素描纸、打印纸、马克笔专用纸、铜版纸以及用于拷贝线稿用的拷贝纸和硫酸纸等。

③ 尺类工具　设计表达所用的尺类种类较多，有直尺、界尺、圆模板、椭圆模板云形尺、曲线尺、自由曲线尺（蛇尺）等。

总的来说，工具应灵活应用。例如橡皮配合曲线尺，可擦拭出形态边缘清晰的块面（图5.59）。

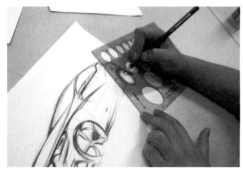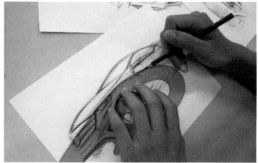

图5.59　工具的使用

④ 其它配套材料　其它绘制效果图的材料还有以下几种。

脱脂棉（或纸巾）：用来擦拭色粉。

纸胶带、遮挡液：主要用来遮挡还没画的部分，以免弄脏画面。

修改液：主要用来提一些高光，也可以把高光留白或用水粉代替。

橡皮：用于修改铅笔稿。

美工刀：削笔、裁纸或是刮色粉等用。

CHAPTER **6**

设计的程序与设计表达

6.1 设计的程序和方法

设计的一般程序如图6.1所示。

图6.1 设计的一般程序

总的来说，调查阶段主要是要全面了解设计对象的目的、功能、用途、规格、设计依据及有关的技术参数、经济指标等方面的内容，并大量地收集有关资料；深入了解现有产品或可供借鉴产品的造型、色彩、材质，该产品采用的新工艺、新材料的情况，不同地区消费者对产品款式的喜恶情况，市场需求、销售与用户反映的情况。

提出问题首先要能发现问题。问题的发掘是设计过程的动机，是起点。明确了问题的所在，就应了解构成问题的要素。一般方法是将问题进行分解，然后再按其范畴进行分析比较，排出主要和次要问题，按关系最重要、希望产生关系和无关系三类分类。

认识问题的目的是为了寻求解决问题的方法。只有明确把握人机环境各要素间应解决的问题，明确问题的所在，才能明确应采用何种解决问题的方法。

构思，是对既有问题所做的许多可能的解决方案的思考。构思的过程往往是把较为模糊的、尚不具体的形象加以明确和具体化的过程。设计构思主要是为了解决"设计的概念"。当一个新的"形象"出现时，要迅速地用草图把它"捕捉"下来，这时的形象可能不太完整，不太具体，但这个形象又可能使构思进一步深化。这样的反复，就会使较为模糊的不太具体的形象轮廓逐步清晰起来——这就是设计中的草图阶段。

草图的完成，就完成了具体设计的第一步，而这一步又是非常关键的一步，在前一阶段"设计概念"所确定的设计方向，至此已基本解决。

设计展开是进入各个专业方面，是将构思方案转换为具体的形象。这一工作主要包括基本功能设计、使用性设计、生产机能可行性设计，即功能、形态、色彩、质地、材料、加工、结构等方面。这时的产品形态要以尺寸为依据，对产品设计所涉及的方面都要给予关注。在设计基本定型以后，用较为正式的设计效果图给予表达。设计效果图的表示可以是手绘，也可以用电脑绘制，主要目的是直观地表现设计效果。

方案通过初期审查后，对该方案确定基本结构和主要技术参数，为以后进行的技术设计提供依据，这一工作是由工业设计师来进行的。为了检验设计成功与否，设计师还要制作一个仿真模型。模型完成以后，设计图纸还需调整，模型为最后的设计定型图纸提供了依据。

详细设计包含以下部分（图6.2）。

① 功能设计：将需求分析转化为功能设计任务书，并针对市场需求进行功能上的改进或创新的过程。

② 原理设计：按照功能设计说明书，进行产品原理解的求取和创新的过程。

③ 形态设计：包括各部件的形状、材料、工艺、表面造型、肌理在内的产品形态创新过程。

④ 色彩设计：在功能、材料、批量生产的加工手段、时尚、生理、人机工程学等条件的制约下，对设计的形体赋予色彩。

⑤ 布局设计：根据排列方式、配置方式、尺寸比例等要素进行产品布局。

⑥ 人机设计：考虑产品与人以及环境的全部联系，全面分析人在系统中的具体作用，明确人与产品的关系，确定人与产品关系中各部分的特性及人机工程学要求设计的内容。

⑦ 结构设计：包括尺寸、结构、部件之间连接关系在内的产品结构创新过程。

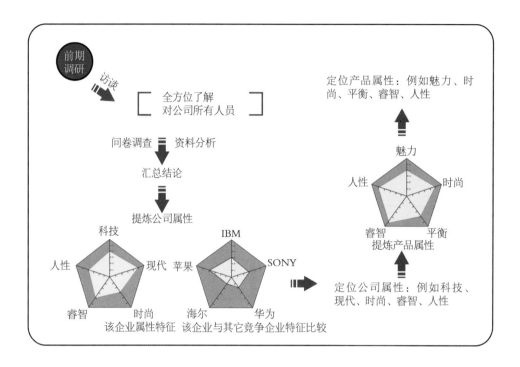

前期
调研

访谈

全方位了解
对公司所有人员

定位产品属性：例如魅力、时
尚、平衡、睿智、人性

问卷调查　资料分析

汇总结论

提炼公司属性

魅力

人性　　　时尚

睿智　　　平衡
提炼产品属性

科技

人性　　　现代　　苹果

IBM

SONY

睿智　　　时尚
该企业属性特征

海尔　　　华为
该企业与其它竞争企业特征比较

定位公司属性：例如科技、
现代、时尚、睿智、人性

设计
调查

访谈
资料分析
问卷调查
用户调查

了解用户对某产
品的目的、动机，
以及用户操作过
程和思维过程

建立
用户思维模型
用户任务模型

对用户调查进行
总结发现用户的
需要与期待

设计调查

市场调查
访谈
资料分析
问卷调查

行业发展情况
该产品发展趋势
该产品的类型
产品基本组成部分
目前该产品的功能
目前该产品的材料
目前该产品的造型风格
主要品牌及市场情况

根据市场调查
及用户调查结
论找出产品需
要解决的问题

得出每个要
素较好的几
种形式

形态A　形态B　形态C　……

方式A　方式B　方式C　……

方式A　方式B　方式C　……

对解决问题
的方式进行
综合评价

方式A　方式B　方式C　……

方式A　方式B　方式C　……

方式A　方式B　方式C　……

方式A　方式B　方式C　……

方式A　方式B　方式C　……

方式A　方式B　方式C　……

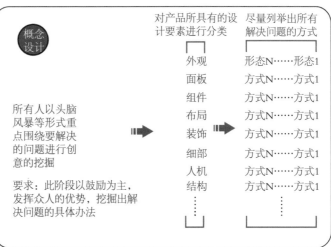

对产品所具有的设
计要素进行分类　　尽量列举出所有
解决问题的方式

提出
概念

针对　　企业
要解　　产品
决的　　的属
问题　　性
　　　　提出

初步概念

概念
设计

所有人以头脑
风暴等形式重
点围绕要解决
的问题进行创
意的挖掘

要求：此阶段以鼓励为主，
发挥众人的优势，挖掘出解
决问题的具体办法

外观

面板

组件

布局

装饰

细部

人机

结构

形态N……形态1

方式N……方式1

方式N……方式1

方式N……方式1

方式N……方式1

方式N……方式1

方式N……方式1

方式N……方式1

图6.2

根据上步的结果进行草案设计

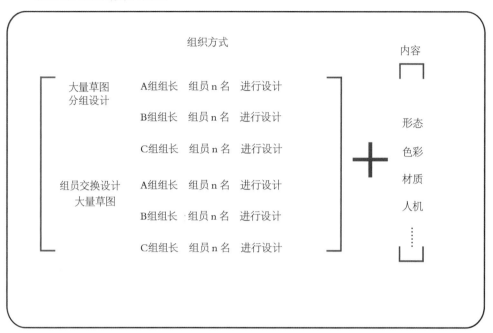

评审草案，选出最受市场和客户认可，可行性高、经济、美观的初步方案

模型制作

评审

样机

评审　　调整

投产

图6.2　企业的设计流程

6.2 课题的具体实施和表达

6.2.1 案例欣赏

（1）案例1：办公桌用加湿器设计过程

该方案是针对办公室人群设计一款办公桌用小型USB加湿器，设计概念形成部分见图2.15，图6.3～图6.9是方案呈现表达的过程。

种类	USB加湿器	家用加湿器
优点	小巧不占地方，携带方便	体积大，占地空间多
缺点	加湿时间比较短	加湿时间比较长
使用环境	办公室，书桌	家中，卧室，台面
使用人群	上班族，爱好新奇特的人	全家人

根据这些资料做了下面的新品

图6.3 加湿器开发前期分析

一条在汪洋大海里闲游的mini鲸鱼
游啊~游啊~

oh! 它不小心游进了你办公桌面的水杯里，变成你的新宠物，你的办公伴侣

图6.4 加湿器草图方案设计

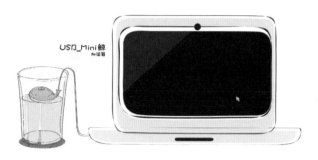

图6.5　加湿器使用场景

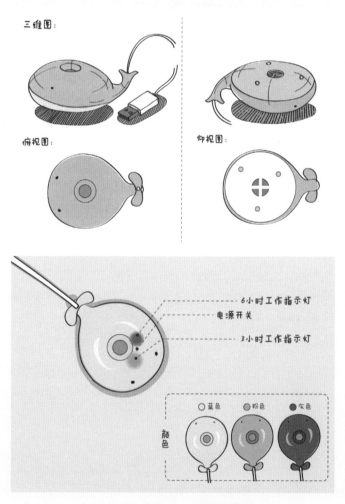

图6.6　加湿器功能与细节设计

图6.7 加湿器功能与细节设计

R 寸图:

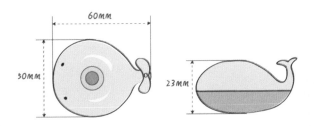

图6.8 加湿器尺寸图

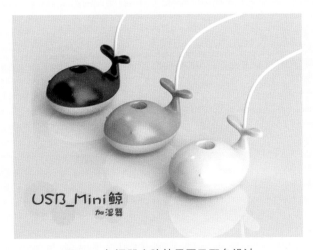

图6.9 加湿器电脑效果图及配色设计

（2）案例2：背包设计（图6.10～图6.12）

图6.10　背包草图设计

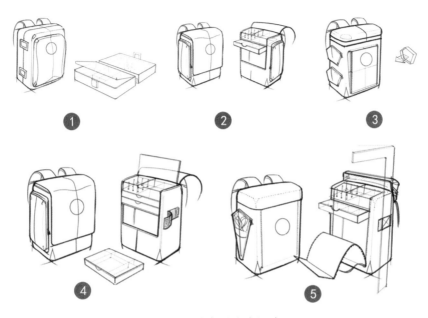

图6.11　背包初选方案设计

图6.12　背包优选方案渲染效果图

6.2.2 设计专题

我们经常会听到这样一些说法：设计来源于生活；设计是解决问题；设计不仅仅是解决问题，更是产生问题的利器。要想设计出好的作品就必须深入地观察和研究生活。可以说：生活中的形态就是元素；生活中的需要就能引发设计；生活中的不方便就是改造点。此次专题就是要对生活中的插座进行重新设计。

（1）第一步：进行设计调查

在专题设计中首先要进行设计调查，例如设计一个插座，对于产品来说必须清楚以下问题：市场状况怎样？行业发展情况怎样？插座的发展趋势是什么？插座有哪些类型？插座的基本组成部分有哪些？插座的主要、次要及附加功能有哪些？一般由哪些材料来制作？造型风格有什么特征？主要品牌及市场情况是怎样的？以及现有产品设计的成功之处和存在的问题等。

我们分析目前已有的插座，可能会得到以下一些问题。

问题一：插孔与插孔之间的距离总是太近，而由于充电器的插头太大，往往三四个孔才能满足一个电器的充电或使用。

问题二：家里线太多，太乱。

问题三：买个大的插线板不单价格贵，而且可能很多孔都用不上，买个小的呢，还担心日后添加用电设备，插孔不能满足需要。

问题四：拔电源插头需要一只手按住电源接线板，另一只手拔出电源插头。如果是单臂的残疾人拔插座，就非常不方便。总是插拔插头来切断电器电源太烦了。可以考虑开关、方便插拔或是定时功能。

问题五：夜晚插拔插头，由于光线的原因，不是很方便。

……

（2）第二步，确定设计定位

这一步中，主要先确定定位。也就是确定针对什么人群及市场进行设计；确定出此次设计的具体目的是什么；要求有哪些。

（3）第三步，进行概念设计

思维发散前我们还应注意一些问题：

① 在了解前人所创造的形态各异的产品的基础上，进行有针对性的研究，确立自己的设计方向。

② 在对自然形态的观察，发现和创造出新的插座形态。

③ 通过大量的草图进行形态推敲，逐步完善构思。

④ 形式的新颖与创新是首要考虑的问题。利用所掌握的思维方法，大胆实践，如：插座一定要是方形的吗？线的处理一定是直的？可否将线性材料面化？可否将面性材料体化？可否将功能多样化？

⑤ 注意对形态的比例、尺度和体量感的把握，尽可能多用几何形态，应用选与变的方法进行设计。

在这一步中还要思考以下问题。根据前面分析的内容，在具体解决问题的过程中各部件之间有无联系？可否增加、减少部分来解决问题？部件的组合关系的更改可否解决问题等。

也可以采取按表6.1内容来列举解决每个问题的方案、方式、原理等来启迪灵感。

表6.1 列举解决问题的内容表

功能有什么？如何实现？		......	......
原理用什么？		......	......
使用方式（各部件干什么用的，可以换种使用方式么？）		......	......
形态	形状	基本形态是什么？	
		基本形态可以变什么？	
	材料有哪些能用？	......	
	工艺实现有无障碍，经济性如何？	......	
	各面造型如何处理？	......	
	肌理有无需要？	......	
	细节有哪些？如何处理？	......	
色彩、装饰	需要哪些装饰？目的？	......	
	色彩怎么用？	......	
布局	排列方式是怎样的？	......	
	配置方式是怎样的？	......	
	尺寸比例符合要求么？	......	

人机设计	人在系统中的具体作用是什么？	……
	人与产品是怎样的关系？	……
	人与产品关系中各部分有什么特性？	……
结构设计	结构、部件之间连接关系是怎样？	……
	产品结构或实现方式有创新没有？	……

（4）第四步：用所学的手绘表现图，进行方案的完整表现

（5）第五步：对方案进行评价

对方案的评价可以按照表6.2进行。

表6.2　方案评价表

评价内容	具体特征		评价标准				
			好	较好	一般	较差	差
外观基本形态	功能	安全性					
		可靠性					
		实用性					
		布局合理					
	形态	宜人性					
		可亲度					
		风格					
	色彩	风格					
		宜人性					
	材质	美观					
		舒适性					
	人机	宜人性					
		尺度美					

评价内容	具体特征		评价标准				
			好	较好	一般	较差	差
外观基本形态	结构工艺	安全性					
		可靠性					
		实用性					
		经济性					
	语义	符合设计要求					
		无歧义					
细部设计	部件分类	部件A 方便性					
		部件A 整体协调性					
		部件A 新颖性					
		部件…… 方便性					
		部件…… 整体协调性					
		部件…… 新颖性					
		部件…… 方便性					
		部件…… 整体协调性					
		部件…… 新颖性					
	装饰	布局材质工艺平面标识 整体协调性					
		布局材质工艺平面标识 经济性					
竞争力	市场占有率						
	投资						
	投资回收期						
品质	结构构件质量						
	使用寿命						
	可维护性						
成本	设计与制造加工成本						
	材料成本						
	包装成本运输成本						
创新性	外观新颖性						
	技术先进性						
	功能创新性						

评价内容	具体特征	评价标准				
		好	较好	一般	较差	差
可行性	开发周期					
	功能周期					
	技术可行性					
适应性	安全性					
	市场认可性					
	受环境影响的应变性					
	设计的专利性					
生产性	必要设备					
	生产技术条件					
	原料调配性					
可增长性	市场角度					
	消费者认可度					
	客户认可度					
	竞争对手					

6.2.3　学生课题设计案例

以下为学生在上课过程中或者实习中所绘制案例（图6.13～图6.17）。

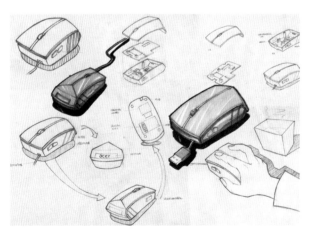

图6.13　鼠标设计案例一

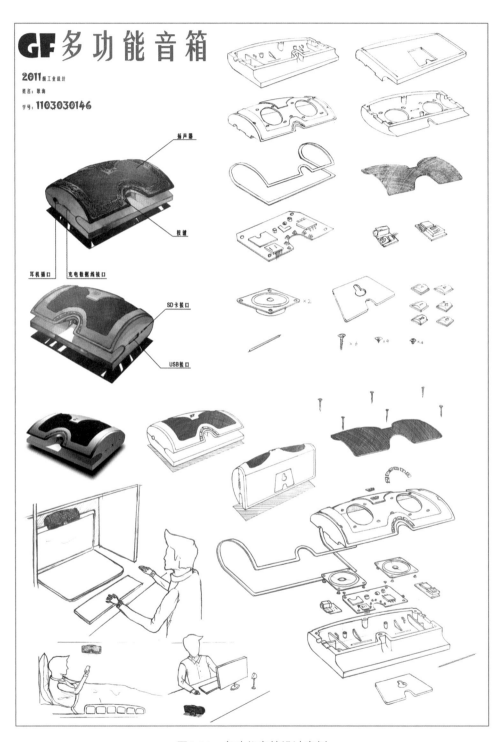

图6.14　多功能音箱设计案例

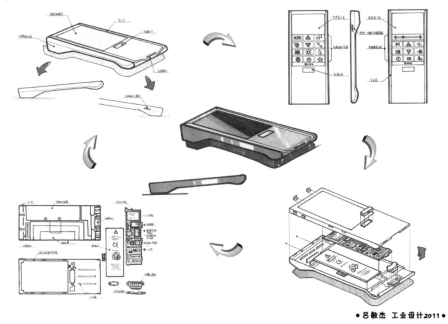

图6.15　遥控器设计案例

图6.16　鼠标设计案例二

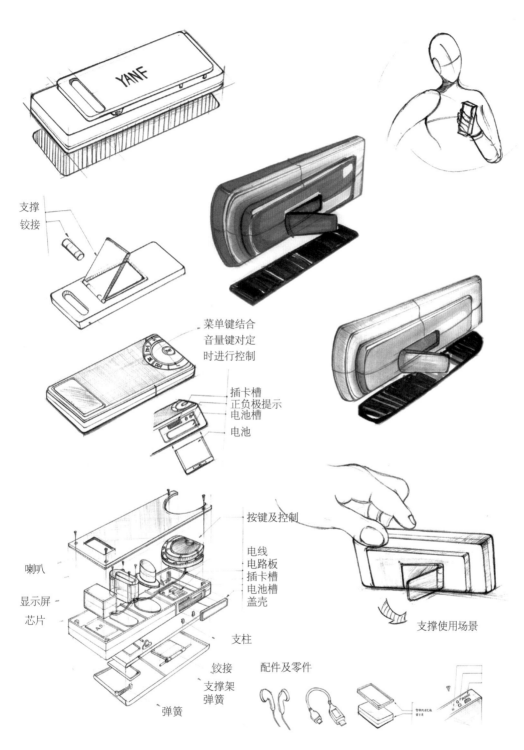

支撑
铰接

菜单键结合
音量键对定
时进行控制

插卡槽
正负极提示
电池槽

电池

喇叭

显示屏
芯片

支柱

铰接
支撑架
弹簧

弹簧

按键及控制

电线
电路板
插卡槽
电池槽
盖壳

支撑使用场景

配件及零件

图6.17　音箱设计案例

参考文献

［1］刘传凯. 产品创意设计. 北京：中国青年出版社，2004.

［2］［西班牙］乔迪米拉. 欧洲设计大师之创意草图. 温为才译. 北京：北京理工大学出版社，
2009.

［3］［日］清水吉治. 产品设计效果图技法. 马卫星编译. 北京：北京理工大学出版社，2003.

［4］张旭展. 产品设计——快速表现图使用技法. 北京：北京理工大学出版社，2005.

［5］罗萨琳·史都尔，康斯·埃森. 设计素描sketching：产品设计不可或缺的绘图技术. 台北：
龙溪图书国际有限公司.

［6］汤军，李和森. 工业设计快速表现. 武汉：湖北美术出版社，2007.

［7］曹学会，易莉. 设计效果图. 北京：北京理工大学出版社，2008.

［8］Erik Olofsson，Klara Sjölén. DesignSketching. sweden by ljungbergs tryckeri AB，KLIPPAN，
SWEDERN，2006.

［9］魏笑，唐蕾，佗鹏莺. 产品设计综合表达. 北京：人民美术出版社，2011.

［10］胡鸿. 设计思考. 北京：化学工业出版社，2011.

［11］刘振生，史习平，马赛，张雷. 设计表达. 北京：清华大学出版社，2005.

［12］柳冠中. 综合造型设计基础. 北京：高等教育出版社，2009.

［13］林立，罗成，李伟湛. 工业设计过程与表达. 北京：机械工业出版社，2012.

［14］舒湘鄂. 设计事理学与非物质设计的比较分析. 中南民族大学学报（人文社科版），2007，
27（3）.